스스로 생각하는 아이로 키우는 기적의 교육법

하루 10분
아이 습관

"잔소리하지 않으면 아무것도 못해요"

"좋은 습관을 갖게 해 주고 싶어요" 하고 생각하시는 어머니.

전혀 걱정할 것 없습니다!

〈하루 10분 아이 습관〉은 세 살 아이도 할 수 있는

매우 쉽고 간단한 습관입니다.

이제 〈하루 10분 아이 습관〉에서 꼭 필요한 하루 10분 수첩이

무엇이며 어떻게 사용하는지 소개해 드리고자 합니다.

혼다 마사토 케이코 지음 · 아사쿠라 유미 감수

CASE 1 아침에 일어나면 혼자서도 척척!

어린이집이나 유치원에 다니는 연령대 아이는 대부분 자기 페이스로 행동합니다. 바쁜 아침 느긋하게 움직이는 아이 모습을 보면서 답답했던 적 없나요?

〈하루 10분 수첩〉이 있으면 필요한 일 전부가 그 안에 들어 있으므로 아이가 제 할 일을 못할 때 엄마가 "수첩을 보렴!" 하고 한 마디만 해 주면 됩니다.

수첩을 보고 행동하다 보면 아이 혼자 할 수 있는 일이 점점 많아지고 생활습관이 몸에 배어 스스로 해내는 즐거움을 몸소 경험할 수 있지요.

아침에 일어나서
해야 할 일과 준비물을 적은 붙임쪽지를
한 장의 시트에 정리해 놓습니다.

무슨 일을 했는지 한눈에 알 수 있도록
끝낸 일 붙임쪽지는
바로 옆 페이지로 이동

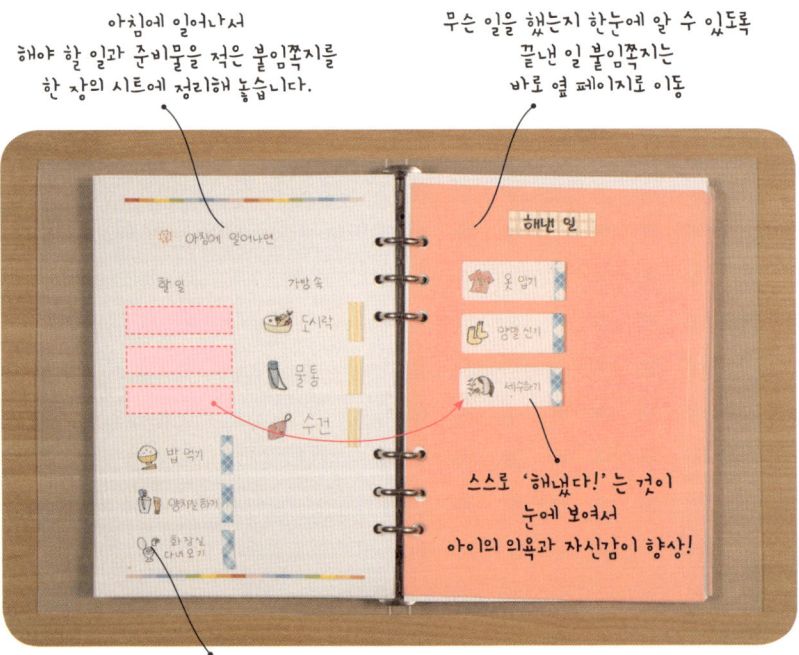

스스로 '해냈다!'는 것이
눈에 보여서
아이의 의욕과 자신감이 향상!

그림이 있으면 글자를 몰라도 괜찮아요!

CASE 2 방학도 계획적으로 보낼 수 있어요!

방학에는 가족 여행이나 숙제 등 할 일이 참 많습니다. 처음에는 아이는 물론이고 엄마도 방학을 어떻게 보내면 좋을지 잘 모릅니다.

"방학이 끝나려면 아직 한참이나 남았으니 괜찮겠지!" 하다가 방학이 끝나는 날이 되어서야 미처 손대지 않은 숙제를 발견하기도 합니다.

수첩이 있으면 즐겁게 계획을 세울 수 있고, 자유 탐구와 같이 번거로운 숙제나 양이 많은 반복 연습 숙제도 확실하게 마칠 수 있습니다.

매일같이 숙제 걱정을 하지 않고 즐겁게 방학을 보낼 수 있지요.

숙제는 붙임쪽지에 내용을 자세히 적어서 눈으로 볼 수 있게 합니다!

집안일 돕기 및 심부름 목록도 정리해두면 계속할 수 있게 되지요!

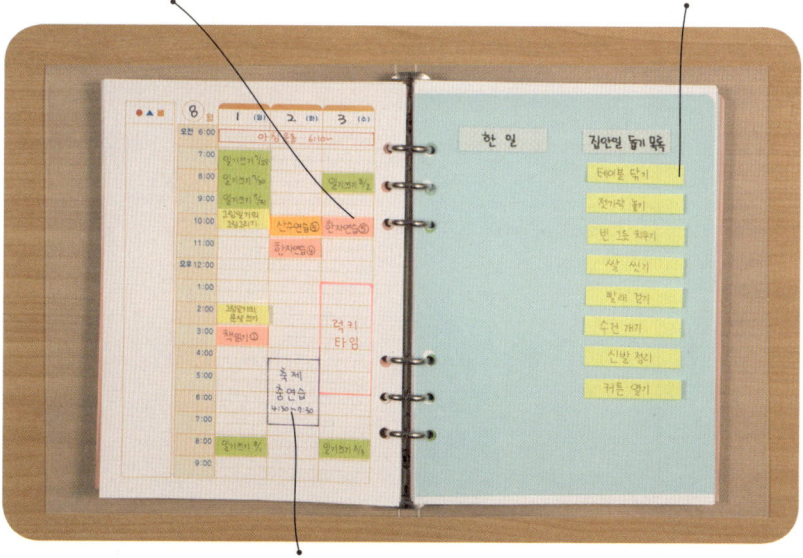

고정 일정은 붙임쪽지를 사용하지 않고 수첩에 직접 써넣어요.

하루 10분 수첩이란?

일일 계획

아침 준비

		메모
🕐	일어나기	
🕐	옷 갈아입기	할 일과 함께 준비물을 적어 두면 혼자서 준비할 수 있게 됩니다.
🕐	잠옷을 세탁바구니에 넣기	
🕐	세수하기	
🕐	아침밥 먹기	**준비물**
🕐	양치질하기	손수건
🕐	준비물 확인하기	티슈
🕐	가방 메기	알림장
🕐	신발 신기	필통
🕐	집을 나서기	연필 5자루
		빨간색연필 1자루
		지우개

시계와 수첩을 보고
시간을 의식하면서
생활하는 것을
연습할 수 있어요.

아이가 수첩을 보고
해야 할 일을
스스로 알 수 있어요.

무엇이든 구멍을 뚫어
수첩에 끼워 넣을 수 있어요.

붙임용 시트

해낸 일

왼쪽 일일 계획에 붙여 놓은 쪽지 중에서
'해낸 일'은 떼어 내어 오른쪽 '붙임용 시트'로 옮깁니다.
이렇게 하면 어떤 일을 했고 못 했는지 한눈에 알 수 있어요.

하루 10분 수첩을 만들 때 A5 크기의 6구 바인더를 추천합니다. 바인더에는 무엇이든 구멍을 뚫기만 하면 끼워 넣을 수가 있어서 편리하거든요. 아이가 좋아하는 것, 필요한 것이라면 무엇이든 끼워 넣어 세상에 단 하나뿐인 오리지널 수첩을 만들어 보세요.

리필 용지의 종류

- 일일 계획표 A형
- 일일 계획표 B형
- 일일 계획표 C형
- 주간 계획표
- 월간 계획표
- '희망 사항' 시트
- '참 잘했어요!' 시트

수첩용 리필 용지는 다운로드 할 수 있습니다. 자세한 내용은 284쪽을 참조하세요.

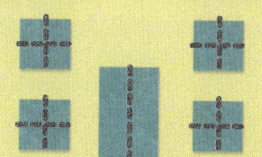

일일 계획표 A형

세 살부터 여섯 살까지는 생활습관을 익히는 시기입니다. 아이가 혼자서도 잘해냈으면 싶은 일을 붙임쪽지에 적어서 붙여주세요.

아침준비

세수하기

화장실 다녀오기

옷 입기

밥 먹기

양치질하기

양말 신기

해야 할 일을
그림과 함께 적어 놓으면
알기 쉬워요!

먼저 생활 습관을
즐겁게 익히는 것이 목표!

* 이 그림들은 다운로드 가능합니다(284쪽 참조).

정리 목록

집안일 돕기 목록

집안일 돕기나 정리 정돈에 관한
붙임쪽지를 모아서 붙여 두면
'집안일 돕기 목록' '정리 정돈 목록'이 됩니다.

일일 계획표 B형

일곱 살에서 열 살 사이에 시계 보는 법을 배웁니다. 시간을 나타내는 시계 그림과 학원이나 취미교실에 갈 때 필요한 준비물을 기재하는 칸이 있으면 편리하지요.

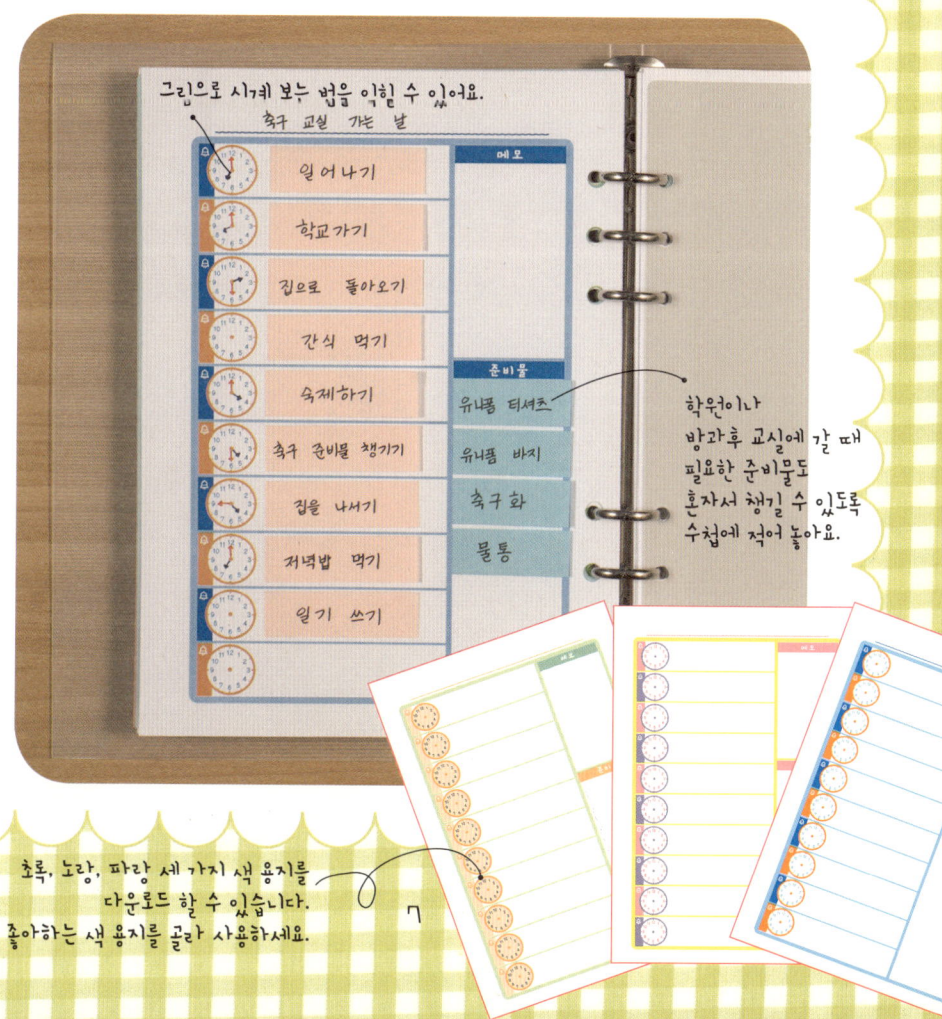

그림으로 시계 보는 법을 익힐 수 있어요.

축구 교실 가는 날

메모
일어나기
학교가기
집으로 돌아오기
간식 먹기
숙제하기
축구 준비물 챙기기
집을 나서기
저녁밥 먹기
일기 쓰기

준비물
유니폼 티셔츠
유니폼 바지
축구화
물통

학원이나 방과후 교실에 갈 때 필요한 준비물도 혼자서 챙길 수 있도록 수첩에 적어 놓아요.

초록, 노랑, 파랑 세 가지 색 용지를 다운로드 할 수 있습니다. 좋아하는 색 용지를 골라 사용하세요.

7

일일 계획표 C형

초등학교 고학년이 되면 정해진 시간 안에서 무엇을 언제 할 것인지 정한 계획이 필요합니다. 시간을 균등하게 나눠 계획할 수 있게 합니다.

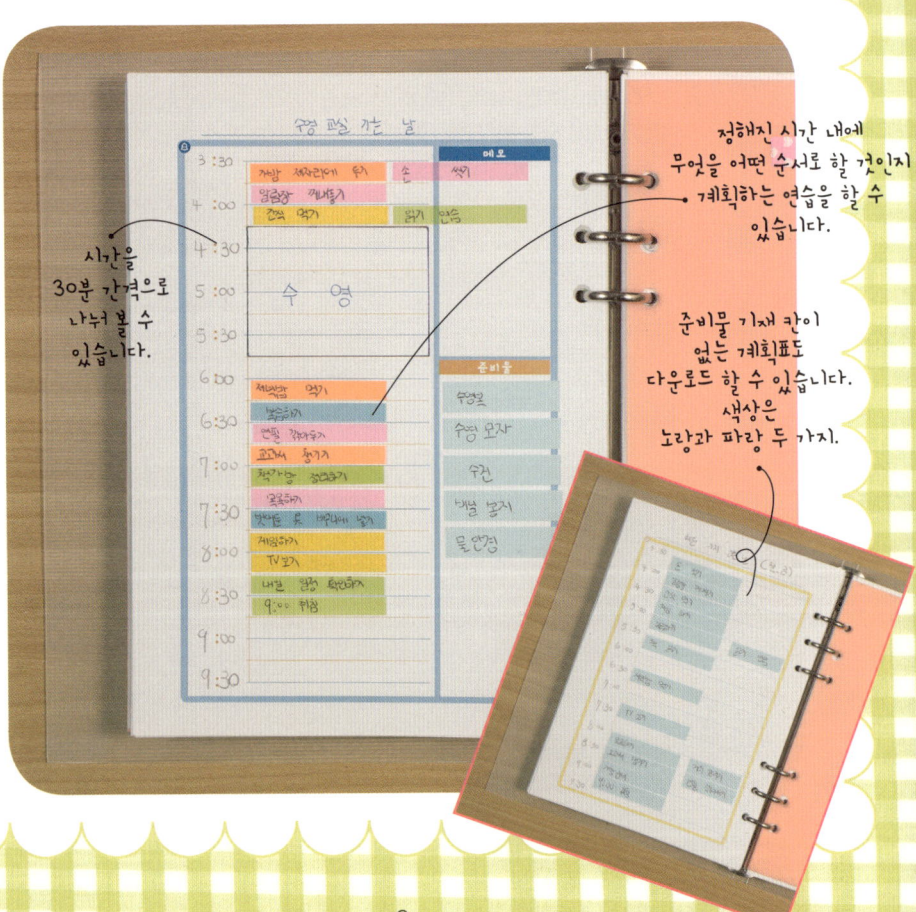

시간을 30분 간격으로 나눠 볼 수 있습니다.

정해진 시간 내에 무엇을 어떤 순서로 할 것인지 계획하는 연습을 할 수 있습니다.

준비물 기재 칸이 없는 계획표도 다운로드 할 수 있습니다. 색상은 노랑과 파랑 두 가지.

★ 긴 방학도 계획적으로 보낼 수 있어요 ★
주간 계획표

주간 계획표는 주로 여름방학이나 겨울방학 등에 사용합니다. 숙제를 계획적으로 마칠 수 있게 해 줍니다.

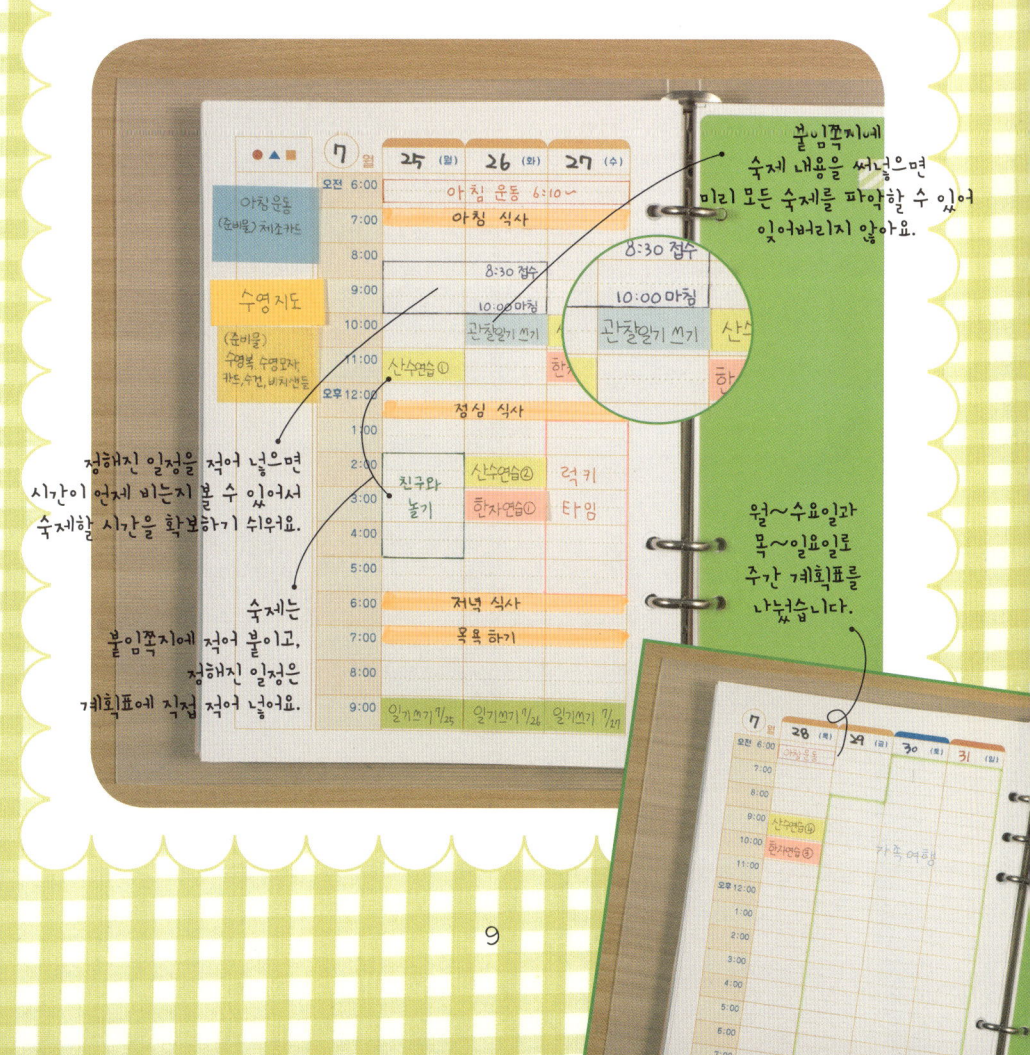

붙임쪽지에
숙제 내용을 써넣으면
미리 모든 숙제를 파악할 수 있어
잊어버리지 않아요.

정해진 일정을 적어 넣으면
시간이 언제 비는지 볼 수 있어서
숙제할 시간을 확보하기 쉬워요.

숙제는
붙임쪽지에 적어 붙이고,
정해진 일정은
계획표에 직접 적어 넣어요.

월~수요일과
목~일요일로
주간 계획표를
나눴습니다.

★ 정해진 일정을 미리 파악할 수 있다 ★
월간 계획표

아이가 자신의 예정된 일정을 의식할 수 있으므로 편리합니다. 미리 확인하여 계획을 파악

하는 습관이 몸에 뱁니다.

[잊어버리지 않아요!]

기한이 있는 것도 붙임쪽지에 적어
며칠 전에 붙여 두면
잊어버리지 않고 챙길 수 있어요.

[안심!]

준비물을 붙임쪽지에 적어
며칠 전에 붙여 두면 안심!

바꿀 수 없는 일정은
수첩에 바로 씁니다.

★ 스탬프, 스티커로 의욕 상승! ★
'참 잘했어요!' 시트

집안일 돕기, 심부름, 정리 정돈, 숙제 등등 혼자서 척척 할 일을 해냈을 때 칭찬 도장을 찍거나 스티커를 붙이는 시트입니다.

['참 잘했어요!' 25칸 시트]
도장과 스티커를 차곡차곡 모으다 보면
"더 열심히 하고 싶다!"는 마음으로
이어집니다.

['참 잘했어요!' 80칸 시트]
"고맙구나!" "참 잘했다!"는 마음을
전할 수 있어요.

정리정돈 잘했어요!

시작 7 월 25 일   달성   합 상

★ 아이가 바라는 일, 원하는 것을 모아두기 ★
희망 사항 시트

바라는 일이나 원하는 것이 생각났을 때 잊어버리지 않도록 붙임쪽지에 적어서 붙여두는
장소입니다.

갖고 싶은 것, 하고 싶은 일, 가고 싶은 곳을
붙임쪽지에 적어 붙여 둡니다.

미처 몰랐던 아이의 생각을 알 수 있어요.

★ 가고 싶은 곳 ★

워터파크

포도 따기 체험

동물원

★ 꿈 : 바라는 것 ★

★ 하고 싶은 것 ★

프라 하기

게임

헌혈

여행 갈 곳을 정할 때,
생일 선물을 사야 할 때
이것을 보고
희망 사항을 현실로!

뭔가 떠오를 때마다
붙임쪽지에 적어서
붙입니다.
"생각해 보니 역시 필
요 없을 것 같아."
하는 마음이 들면
붙임쪽지를 떼어서
버립니다.

★ 갖고 싶은 것 ★

사전거

버박드

아이스크림

복숭아

귤

★ 할 일을 해냈을 때
그 내용이 적힌 붙임쪽지는 여기로 이동 ★

붙임쪽지 붙임용 시트 만드는 법

일일 계획표에 붙여 놓은 붙임쪽지의 할 일을 마치면 그 붙임쪽지를 떼어 붙일 장소로 사용합니다.

 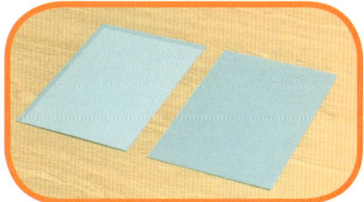

❶ A4 크기 클리어 파일을 반으로 접어 자릅니다.

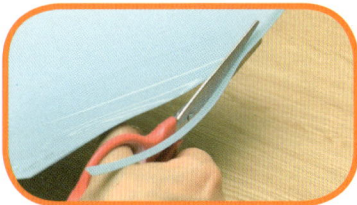 

❷ 막혀 있는 아랫부분을 잘라냅니다.　　❸ 접힌 등을 펼쳐서 선을 따라 자릅니다.

❺ 펀치로 가장자리에 구멍을 뚫습니다.

완성

❹ 클리어 파일 한 개로 시트 4장을 만들 수 있습니다.

★ 수첩을 더욱 즐겁게 사용할 수 있는 ★
있으면 편리한 아이템

구멍 보강 스티커
최근 들어 다양한 색상과 무늬 스티커가 많이 출시되고 있습니다.

맨 위쪽과 맨 아래쪽 두 곳에 붙이면 OK.
구멍 6개에 다 붙이지 않아도 됩니다.

속지 구멍이 찢어지지 않도록 붙이는 도넛 모양 스티커입니다.

마스킹 테이프
수첩 속지를 자기 취향에 맞게 꾸밀 수 있습니다.

속지 가장자리에 테이프를 붙여서 구멍을 뚫으면
잘 찢어지지 않아 구멍 보강 스티커 대용이 됩니다.

칭찬 도장

'참 잘했어요!' 시트와 월간 계획표에 사용할 수 있습니다.

도장을 많이 받을수록 의욕이 점점 생솟습니다.

도장을 너무 세게 꾹 눌러 찍으면 뒷면까지 번질 수 있으므로 주의!

스티커

책상 서랍 속 어딘가에 뒹굴고 있는 스티커가 은근히 많지요?
'참 잘했어요!' 시트나 꾸미고 싶은 곳에 붙이면 수첩 사용이
한층 더 즐거워집니다.

지퍼 달린 비닐 파우치

중요하지만 구멍을 뚫을 수 없는 것을 보관할 때 편리합니다.

1,000원 숍 등 잡화점에서 파는 지퍼 달린 비닐 파우치에
펀치로 구멍을 뚫기만 하면 OK.

카드나 메달을 넣어 두면
잃어버릴 위험이 적어
보물창고로 쓸 수 있습니다.

파우치에 색연필을 넣고 흰 종이 속지를 끼워 두면
언제 어디서든 그림을 그릴 수 있어요!

일러두기

1

본문에서 반복 등장하는 '붙임쪽지'는 접착식 메모지인 '포스트잇'을 순화한 말입니다.

2

하루 10분 수첩용 붙임쪽지는 플래그 타입으로 구매해 주세요.

3

A5 사이즈 바인더와 내부 구성품은 지구나무(www.earthtree.co.kr)와 오픈마켓에서

'A5 6공 바인더'로 검색하면 구매하실 수 있습니다.

(바인더, 휴대용 6공 펀치, 인덱스 탭, 플라스틱 시트, 카드 케이스, 지퍼 케이스, 기본 케이스 등)

머리말

얼른 옷 갈아입지 않고 뭐하니?

언제까지 게임만 할 거야?

숙제는 텔레비전 보기 전에 끝냈어야지!

내일 준비물은 다 챙겼어?

저는 아이들만 보면 괜히 조바심이 나서 잔소리가 나오는데 아이들은 아무리 말해도 소용이 없으니 "누군 뭐 좋아서 잔소릴 하나……." 하고 낙담하는 하루하루를 보내야 했습니다.

그러다가 생각하게 되었지요.

"엄마가 이래라저래라 말하지 않아도 아이가 스스로 생각해서 자신이 해야 할 일을 할 수 있게 하는 방법은 없을까?"하고 말이에요.

그렇게 해서 마침내 찾아낸 방법이 이 책에서 소개하는 '하루 10분 수첩'입니다.

경험치가 적은 아이들은 아무리 말로 전달해도 무엇을 해야 하는지, 또 다음은 어떻게 해야 하는지, 잘 모르는 경우가 많다는 사실을 깨달았어요.

"서둘지 않으면 지각할 텐데!"하고 말해도 아이는 무엇을 어떻게 서둘러 해야 하는지, 왜 지각하는지를 실제로 잘 몰랐던 것이죠. 즉 눈에 보이지 않는 것을 머릿속으로 생각해서 정리하고 행동으로 옮기는 것을 잘하지 못한다는 얘기입니다.

그래서 아이의 할 일을 전부 수첩에 적어 보면 어떨까 생각했어요. 그러면 아이가 제 할 일을 못 하고 있을 때 "수첩 좀 보겠니."라고 한마디만 하면 되니까요.

수첩을 보고 자신이 해야 할 일을 분명하게 알게 되면 아이는 엄마가 말로 시킬 때보다 훨씬 행동하기 쉬워집니다. 게다가 수첩을 보면서 스스로 해낸 일은 "누가 시켜서 한 게 아니라 혼자서 해낸 것!"이라는 성공 체험을 느끼게 하므로 "더 잘하고 싶다!" "이것도 할 수 있어." "저것도 문제없을 것 같은데!" 하는 자신감과 더불어 자립심도 커지지요.

이것이 바로 일일이 말하지 않아도 스스로 생각하는 아이로 성장하는 하루 10분 어린이 수첩의 힘입니다.

방법은 매우 간단해요. 움직일 수 없는 일정은 수첩에 직접 적어넣고, 해야 할 일은 붙임쪽지에 적어서 수첩 안에 붙여두기만 하면 됩니다. 이렇게만 해도 아이의 시간 감각이나 해야 할 일에 대한 의식이 달라집니다.

이 책을 읽는 분들도 모두 "수첩 하나로 아이가 자립심을 갖게 되었다." "스스로 생각하는 아이가 되어 가고 있다." 하는 체험을 꼭 해 보셨으면 합니다.

너무 애쓰지 말고 편안한 마음으로 시작해 보세요. 비록 수첩 한 권에 불과하지만, 육아의 고충을 덜고 아이의 자립심을 기르는 최고의 방법을 손에 넣을 수 있습니다.

– 2016년 6월 호시노 게이코

차례

 스스로 생각하는 아이로 키우는 기적의 교육법
하루 10분 아이 습관

아침에 일어나면 혼자서도 척척! • 2

방학도 계획적으로 보낼 수 있어요! • 3

하루 10분 수첩이란? • 4

일일 계획표 A형 • 6

일일 계획표 B형 • 7

일일 계획표 C형 • 8

주간 계획표 • 9

월간 계획표 • 10

'참 잘했어요!' 시트 • 11

희망 사항 시트 • 12

붙임쪽지 붙임용 시트 만드는 법 • 13

있으면 편리한 아이템 • 14

머리말 • 17

1장 하루 10분 수첩 습관으로 육아가 편해져요!

10분 수첩 습관이 부모와 아이를 바꾼다 • 25

아이에게 수첩이 도움 될까? • 33

스스로 생각하는 아이로 키우는 10분 수첩의 3대 역할 • 37

 2장 하루 10분 수첩 시작하는 법

1단계 '수첩은 나의 보물!'로 만들기 • 45

2단계 '혼자서도 할 수 있다!'를 늘려 간다 • 55

3단계 "내일이 기다려져!"라는 상태를 만든다 • 86

기본적인 수첩 시트 끼워 넣는 법 • 93

하루 10분 수첩의 주인공은 바로 아이! • 98

 3장 하루 10분 수첩 사용하는 법

10분 수첩 활용 사이클 • 107

매일 하고 싶은 수첩 미팅 • 113

신호는 "수첩을 보렴!" • 122

반복이 중요하다 • 125

 4장 육아 스트레스가 싹! 사례별 10분 수첩 활용 팁

준비가 느려서 매일 아침 허둥지둥! • 129

무슨 일에서든 소극적이고 자신감이 없다 • 139

우선순위를 정하지 못한다 • 150

숙제도 안 하고 게임만 한다 • 161

정한 대로만 행동하려고 한다 • 169

집안일을 돕기로 했는데 꾸준히 못한다 • 177

정리 정돈을 못한다 • 185

혼자서 준비물을 못 챙긴다 • 195

준비물을 꼭 전날 밤에 말한다 • 205

자기 일정을 파악하지 못하고 있다 • 213

원하는 게 있으면 떼를 쓴다 • 220

여름방학이 끝나기 직전에야 허둥지둥! • 228

5장 도와주세요! 10분 수첩 습관 Q&A

수첩에 쓰여 있는데 잊어버려요 • 245

아이가 수첩을 펴 보려고 하지 않아요 • 247

미리 정해진 일정 써넣는 것을 깜빡해요 • 249

잔소리가 나올 것만 같아요 • 251

붙임쪽지가 너무 많아요 • 253

적을 일정이 없어요 • 256

시키지 않으면 꼼짝도 안 해요 • 260

아이와 마주할 시간이 없어요 • 263

기분에 따라 쓰지 않는 날도 있어요 • 267

감수자의 말 • 269

맺음말 • 271

특별 부록 오리지널 하루 10분 수첩 • 275

★ 1장 ★

하루 10분
수첩 습관으로
육아가 편해져요!

10분 수첩 습관이
부모와 아이를 바꾼다

✏️ 육아 스트레스를 유발하는 3대 악순환

〈하루 10분 수첩 습관〉을 소개하고 알리는 강사로 활동하다보니 주변에서는 저를 아이들과 잘 지내는 좋은 엄마로 생각하는 것 같습니다.

하지만 유감스럽게도 저는 누구나가 꿈꾸는 이상적인 엄마와는 거리가 멀 뿐 아니라 아이들을 대하는 방법도 서툴러서 매일매일 시행착오를 겪고 있습니다.

불과 몇 년 전까지 저는 "좋은 엄마가 되고 싶다."는 말을 입버릇처럼 달고 살았어요. '주변 아이 엄마들은 늘 웃는 얼굴로 아이들과 즐겁게 잘 지내는 것 같은데 왜 나는 그러지를 못할까?' '왜 옆집 애는 이것저것 다 잘하는데 우리 애는 못할까?' 이렇게 주변과 비교하면서 무능한 자신을 나무라곤 했지요.

그랬던 제가 여러 시행착오 끝에 다다른 것이 바로 〈하루 10분 수첩 습관〉입니다. 10분 수첩 습관을 생각해내기까지 저와 아이들 사이는 '화내고 야단맞는' 일상을 반복하는 3대 악순환에서 벗어나질 못했어요.

악순환1　아침부터 밤까지 이어지는 잔소리

"어서 일어나야지!"에서 시작해서 "흘리지 말고 먹어라!" "빨리 빨리 해라." "어지간히 좀 해라." "이거 해라." "그건 챙겼니?" "얼른 자라!" 등 전부 제 기준에 맞춰 생각하고 지시하는 상황이었습니다. 제가 원하는 대로 아이가 움직이지 않으면 화내며 다그치고, 아이들은 "지금 막 하려고 했어." "알았다니까!!" 하며 툴툴대는 상황이 아침부터 밤까지 무한 반복되었어요.

악순환2　뭐부터 해야 할지 모르겠어!

책가방 정리를 시작으로 숙제, 피아노 연습, 간식 먹기, TV 보기, 책 읽기 등 학교에서 집으로 돌아온 아이들은 할 일도 하고 싶은 일도 많습니다.

딸아이는 매일같이 "어휴~ 뭐부터 해야 할지 모르겠어!"라며 안절부절 우왕좌왕하고, 그 모습을 보고 있으면 "먼저 숙제부터 해치워 버리면 좋잖아!" 하고 지시하는 상황이 되지요.

"알아. 근데 하고 싶은 일이 많아서 고민하잖아!"라며 짜증 부리는 아이, "그러고 있을 사이에 후딱 해치우겠네!"라며 한층 더 화내는 나. 익숙한 장면이지 않나요?

악순환3 엄마 때문이야!

준비물을 까먹으면 딸아이는 꼭 이렇게 밀합니다. "엄마가 말 안 해줘서 가지고 가는 걸 잊어버렸잖아!"라고.

자기가 사용할 체육복과 그림 도구, 학교에 제출할 편지를 본인이 못 챙겨 놓고 어디서 짜증이야 싶어 화가 나면서도 동시에 "이러다 툭하면 남의 탓으로 돌리는 아이로 자라는 건 아닐까? 자립은 할 수 있으려나?" 하는 생각에 불안감만 깊어집니다.

✏️ 10분 수첩으로 부모와 아이의 스트레스를 해소!

이런 악순환을 끊기 위해 〈하루 10분 수첩 습관〉을 생각했습니다. 그리고 하루하루 수첩과 더불어 아이들과 생활하다 보니 매일같이 반복되던 악순환이 해소되었습니다.

시키지 않아도 하는 아이, 시키지 않고 기다려 주는 엄마

〈하루 10분 수첩 습관〉의 핵심은 아이 수첩에 할 일이 전부 쓰여 있다는 점입니다. 아이는 그것을 보고 자신이 해야 할 일이 무엇인지 알 수 있습니다.

엄마가 말로 지시하면 "지금 하려고 하잖아!"라는 반발심이 생겨 억지로 한다는 느낌이 강합니다. 하지만 아이가 스스로 수첩을 보고 실제로 해낸 것은 자발적으로 한 일이므로 '스스로 해냈다!'는 성취감을 느끼게 되지요.

저 역시도 수첩이 있으니 예전처럼 조바심 내지 않아도 되어서 시끄럽게 잔소리를 해대는 일이 적어졌습니다.

그래도 숙제나 피아노 연습 등 좀 했으면 싶은 일을 안 하고 있을 때면 무심코 "빨리 좀 하지!" 하고 말하고 싶어집니다. 그럴 때는 "수첩 좀 보겠니." 하고 본인이 할 일을 떠올릴 수 있도록 다독이고 있어요. 그러다 보니 지금은 예전보다 잔소리하는 횟수가 확실히 줄었지요.

스스로 앞을 내다볼 수 있어서 안심이 된다

제 딸아이는 이것저것 하고픈 일이 많아 머릿속으로 생각하면서

28

어찌할 바를 모르는 상태에 빠지곤 했는데, 하고 싶은 일, 해야 할 일을 전부 수첩에 적기 시작하면서부터는 스스로 계획을 세울 수 있게 되었습니다.

물론 계획대로 다 되는 건 아니지만, 계획을 세워서 해 보고 실패하면 다시 계획을 수정하는 일을 반복하다 보니 조금씩 해야 할 일의 우선순위가 파악되나 봅니다.

무엇보다 뭘 해야 하는지 몰라 우왕좌왕하는 일이 줄었고, 또 뭘 할지 고민될 때는 아이와 함께 수첩을 보면서 계획을 세울 수 있어서 모녀간의 대화가 한층 부드러워졌습니다.

자기 일은 스스로 한다

딸아이는 준비물이나 제출물 등은 엄마가 준비해 주면 가지고 가기만 하면 된다고 생각했었어요. 항상 제가 준비해 줬으니까요.

이처럼 수동적이었던 일들이 이제는 전부 자신의 수첩 안에 쓰여 있으니 스스로 챙길 수 있게 되었습니다.

수첩에 쓰여 있는 것은 모두 스스로 해야 할 일이라는 사실을 인식하게 되면서 더는 "엄마 때문이야!"라는 말을 하지 않게 되었어요.

둘째 딸아이는 세 살 때부터 수첩과 함께하는 생활을 시작했습니다. 유치원 갈 준비와 준비물 챙기기는 수첩을 보면서 차례대로 하면 된다는 방법을 쭉 실천하도록 해 왔어요.

그랬더니 초등학교에 입학해서 자신이 해야 할 일이나 그걸 하는 시간 등이 바뀌어도 '수첩에 적어 두면 괜찮다'는 생각에 안심이 되어서인지 별 문제없이 원만하게 초등학교 생활에 적응할 수 있었습니다.

이처럼 하루 10분이면 충분한 수첩 습관으로 매일 반복되었던 악순환을 끊었더니 야단치고-야단맞는 상태가 조금씩 해소되기 시작했습니다.

물론 일상생활을 하다 보면 새로운 악순환이 나타나기도 합니다. 하지만 지금은 어떤 문제가 발생해도 수첩을 사용해서 좀 더 빨리 되돌아보고 문제점을 해소할 수 있게 되었지요.

수첩으로 행복한 일상을!

저희 집 경우 말고도 〈하루 10분 수첩 습관〉으로 엄마와 아이 사이에 일어난 좋은 변화에 관한 사례가 많이 보고되고 있습니다(32쪽 참조). 자기 일은 알아서 스스로 하는 아이가 되었으면 좋겠다, 화내고 다그치기보다 지켜보는 부모가 되고 싶다고 생각하는 분들에게 큰 도움이 되는 것이 바로 〈하루 10분 수첩 습관〉입니다.

★ 나쁜 흐름에서 좋은 흐름으로 바뀐다! ★

악순환	선순환

'하루 10분 수첩'으로
아이는 물론 부모도 이렇게 바뀐다!

 아이의 변화

● 학교 알림장을 알아서 먼저 꺼내놓는다.

● 숙제를 다 하고 나서 놀러 나가게 되었다.

● 적극적으로 심부름하고 집안일을 돕게 되었다.

● 등교 시간이 여유로워졌다.

● 준비물을 깜빡하는 일이 줄었다.

 엄마의 변화

● 아이와 대화가 늘었다!

● 바쁜 아침 시간 조바심이 줄었다.

● "우리 아이가 이렇게 열심히 하는구나!" 하고 새삼 느끼게 되었다.

● 칭찬하는 일이 많아졌다.

● 육아에 대한 막연한 불안감이 해소되었다.

아이에게 수첩이
도움 될까?

✏ 아이는 '바로 지금'을 산다

그렇다면 어떻게 〈하루 10분 수첩 습관〉으로 엄마와 아이의 관계
가 바뀔 수 있는지 생각해 보겠습니다.

　매일 반복하는 엄마와 아이 사이 짜증 악순환은 애초에 어른과
아이의 특성 차이에서 비롯되는 것입니다.

　본래 아이는 '눈앞의 것밖에 모르는' 인격체입니다. 어리면 어릴
수록 그날 하루만을 살듯이 살아가지요. 어쩌면 더 짧을지도 모릅
니다. 지금 바로 이 순간을 사는 것이 아이입니다.

　눈앞의 일이 최고다 보니 눈앞에 없는 것은 아이에게 중요하지

않습니다. 아니 그보다 이해를 못 한다고 하는 편이 맞는지도 모르겠네요. 그래서 아이들은 대개 다음과 같은 특징을 보입니다.

❶ 시간 감각이 없다 (시간은 눈에 보이지 않으므로 이해하지 못한다).

❷ 해야 할 일을 모른다(눈앞에 없는 미래의 일까지 생각하지 못한다).

❸ 눈앞의 것에 무아지경이 된다(눈앞의 일이 제일 중요하므로 당연하다).

이 세 가지를 흔히 볼 수 있는 장면에 적용해 볼까요. 이제 10분 후면 집을 나서야 하는데도 아직 밥을 먹고 있을 때 아이의 상태는 다음과 같습니다.

❶ 시간 감각이 없으므로 "10분 후면 나가야 해!" 하고 말해도 '10분'이 어느 정도 시간인지 모른다.

❷ 다음에 무엇을 해야 하는지, 집을 나서기 전에 무엇을 해야 하는지, 자신이 해야 할 일을 모른다.

❸ 해야 할 일보다 자기가 좋아하는 책, 장난감, TV 등에 정신이 팔린다.

아이는 이러한 상태이다 보니 멍하니 TV를 보거나 느릿느릿 밥을 먹으면서 서두르지 않고 자신이 하고 싶은 대로 하는 것이지요.

반대로 "아, 어쩌지? 이제 뭘 해야 하나? 어떡해? 뭘 할까?" 하고 우왕좌왕하거나 당황해서 불안 상태에 빠지는 아이도 있습니다.

다른 장면에도 위 세 가지를 적용해서 아이 행동을 살펴보시기 바랍니다.

목욕을 마치고 알몸으로 뛰어다닌다, 숙제는 내팽개치고 게임만 한다, 밤에 늦게 자서 아침 일찍 못 일어난다, 준비물을 깜빡하는 일이 많다 등등 아이들이 흔히 하는 행동은 눈앞의 일을 제일 중요하게 여기는 특성 때문임을 알 수 있습니다.

✏️ 어른의 특성이 조바심을 일으킨다

그런 아이들을 보고 우리 부모나 어른은 어떻게 느낄까요?

"왜 저렇게 멍하니 있는 걸까?" "지금이 놀고 있을 시간이냐고?" 등등 아이의 행동을 이해할 수 없어서 "왜 매일 하는 일인데도 모를까?" 하고 조바심을 냅니다. 멍하니 있는 아이의 모습을 보면 "서둘러라! 지각하겠네!"라는 말이 하고 싶어 입이 근질거립니다.

사실 우리 어른도 아이였을 때는 지금 아이들처럼 눈앞의 일이 가장 중요했습니다. 오랜 세월 시간 감각과 생활습관을 익힌 덕분에 이제는 눈앞의 것보다 더 중요한 것을 볼 수 있게 된 거죠.

어른 눈으로 보면 아이 행동은 불안스러워 걱정하는 마음에 자꾸 앞서 나가게 되는 것입니다.

✏️ 아이의 특성을 살리는 방법

앞을 내다볼 줄 아는 어른 vs. 그 순간만을 사는 아이.

이것이 매일 반복하는 부모와 아이 사이 짜증 악순환의 시동 장치입니다.

어른과 아이는 특성이 다르니 어쩔 수 없다, 아이를 키우는 동안 이 악순환은 계속되게 마련이다 하고 포기할 수는 없습니다. 이 특성을 살려 악순환을 해소하는 것이 바로 수첩 습관의 힘입니다.

아이는 눈에 보이지 않는 것을 이해하지 못하고 눈앞의 일이 제일 중요하기 때문에, 수첩을 사용해서 눈에 보이지 않는 시간과 할 일 등을 눈에 보이게 만들어주는 것이죠.

수첩을 활용해서 생활하면 부모-아이 짜증 악순환이 해소될 뿐 아니라 소통이 잘 되어서 부드럽고 온화하게 아이를 대할 수 있습니다.

스스로 생각하는 아이로
키우는 수첩의 3대 역할

✏️ 수첩에 맡겨도 되는 일

10분 수첩의 역할을 구체적으로 살펴보겠습니다.

　수첩의 역할은 다음 세 가지입니다.

❶ 가시화
❷ 세분화
❸ 일원화

좀 더 쉬운 표현으로 바꾸면 다음과 같습니다.

❶ 아이는 눈에 안 보이면 모르므로 말로 나타내어서 보여 준다.

❷ 아이가 알 수 있도록 꼼꼼히 그리고 자세히 알려 준다.

❸ 아이에게 중요한 것, 필요한 것, 좋아하는 것, 무엇이든 수첩에 끼워 한데 모아 준다.

요컨대 '아이가 알 수 있도록 자세히 적어서 필요한 것은 무엇이든 수첩에 쓰는' 것입니다.

이렇게만 해도 악순환이 해소되고 엄마와 아이가 주고받는 대화 내용이 달라집니다.

구체적인 예를 들어 볼까요.

매주 축구 교실에 갈 때마다 아무런 준비도 되어 있지 않아 "어서어서 준비하라니까!" 하고 여러 번 말해도 못 했던 아이를 떠올려 보세요.

수첩이 있는 생활과 없는 생활 사이에는 분명하게 아이의 행동, 엄마의 행동이 다릅니다.

다음 페이지에 그 예를 나타내 보겠습니다.

수첩을 안 쓰는 집

- 축구 교실에 가기 전에 언제 준비하면 좋을지 몰라서 준비 시간을 정하지 못한다.
- 매주 똑같이 하는 일인데도 무엇을 준비해야 하는지 모른다.
- 준비하는 시간이 얼마나 걸리는지 몰라 집을 나서는 것이 늦다.

수첩을 쓰는 집

- '축구 교실 갈 준비하기'라고 수첩에 적어 놓으면 준비할 타이밍을 알 수 있다.
- '유니폼, 양말, 축구화, 공, 수건, 물' 등과 같이 준비물을 자세히 적어 놓으면 매번 생각하지 않아도 뭘 준비해야 하는지 알 수 있다.
- 수첩 안에 준비물 목록을 끼워 두면 그것을 보고 챙길 수 있다.

40

자 어떠세요? 대화가 달라진다는 사실을 아시겠죠?

수첩만 있어도 엄마와 아이가 주고받는 말이 달라집니다. 아이도 지금까지 눈에 보이지 않아서 몰랐던 것이 눈에 보이니 행동하기가 쉬워지고요.

수첩 활용법은 4장에서 자세히 소개합니다. 아이가 쉽게 이해할 수 있도록, 해야 할 일과 준비물 등 무엇이든 자세히 적어서 수첩에 끼워 넣는 방법을 실천해 보시기 바랍니다. 육아가 훨씬 수월해집니다.

✏️ 앞서 나가지 말고 아이를 믿고 맡긴다

이처럼 수첩과 함께 생활하면 엄마 잔소리는 줄고 아이 스스로 할 수 있는 일은 하나씩 늘어납니다. 매일 반복하다 보면 '스스로 해냈다'는 성공 체험이 점점 축적됩니다. 이것이 '혼자서도 할 수 있다'는 자신감으로 이어지고 자주성, 자립심, 호기심이나 행동력 등 성장에 필요한 밑거름이 됩니다.

〈하루 10분 수첩 습관〉의 목적을 아이 스스로 일정을 관리하는 법을 익히는 것으로 생각하는 분도 많을 텐데요. 이 수첩 습관의 큰 목적은 일정을 관리할 수 있게 하는 게 아니라 생활 습관으로 몸에 배게 하는 것입니다.

　매일 서로에게 화내고 짜증 부리는 악순환을 해소하고 자주성,

자립심을 키우는 도구로써 하루 10분 수첩을 맘껏 활용해 보세요.

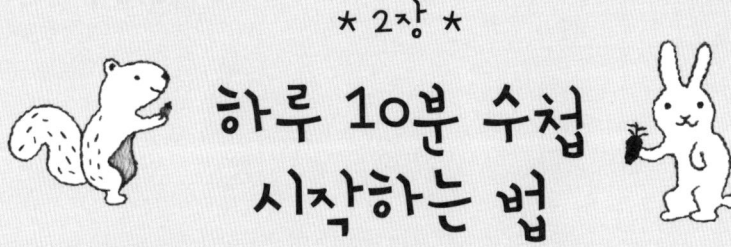

2장

하루 10분 수첩 시작하는 법

★ 1단계 ★
'수첩은 나의 보물!'로 만들기

✏️ 세상에 단 하나뿐인 수첩을 만든다

〈하루 10분 수첩 습관〉에 관한 얘기를 하면 "지금 제게 필요한 게 바로 하루 10분 수첩이었네요. 얼른 시작해 보고 싶은데 어디 가면 살 수 있나요?"라는 질문을 많이 받습니다.

죄송합니다. 사실 10분 수첩은 기성품으로 판매되고 있는 게 아니에요.

〈하루 10분 수첩 습관〉은 세상에 단 하나뿐인 내 아이를 위한 수첩을 만드는 일에서부터 시작합니다.

어디에서도 팔지 않는, 내 아이에게 딱 맞는 수첩을 직접 만들어 사용하는 것이 바로 10분 수첩입니다.

이번 장에서는 10분 수첩과 함께하는 생활을 시작하는 방법에 관해서 자세히 설명하려고 합니다.

✏ 시작부터 달력, 계획표는 필요 없다!

"그럼 이제 얼른 만들어서 사용해 볼까!" 하고 엄마가 혼자 열심히 만들어서 아이에게 건넨다면 그 수첩은 엄마의 지시 혹은 강요가 되고 맙니다.

그렇게 되지 않도록 먼저 속지가 없는 A5 크기 바인더를 준비하세요(51쪽 참조). 그런 다음 아이에게 수첩에 관해서 설명하고 의견을 나누는 데서부터 출발하면 되는데 이것이 무엇보다 중요한 작업입니다.

이 단계를 거치지 않고 엄마 마음대로 바인더에 일정표를 끼워 넣거나 할 일을 적어서 만든 수첩을 줘 봐야 아이들은 결코 관심을 보이지 않습니다.

오히려 "귀찮은 일을 시키려 하네!" "엄마가 또 새로운 과제를 내주는구나." 하는 마음에 거부하는 아이도 있으므로 주의해야 합니다.

아이와 함께 바인더를 사러 가거나 속지를 끼우지 않은 바인더에 어떤 것을 넣으면 좋을지 서로 얘기하면서 아이가 수첩을 기대할 수 있게 시작해 보세요.

✏️ 자기만의 페이지를 꾸민다

처음에는 아이가 흥미를 보이는 것, 좋아하는 것부터 끼워 넣습니다.

어른들은 〈월간 계획표〉나 〈To Do 리스트〉 같은 것을 먼저 넣고 싶겠지만, 서두르는 것은 금물입니다. 무엇보다 아이가 수첩을 좋아할 수 있도록 하는 것이 중요합니다.

아이가 공룡을 좋아한다면 공룡 도감을 복사해서 끼워 넣어도 좋고, 지하철을 좋아한다면 노선도를, 스티커를 좋아한다면 각양각색의 스티커를, 아이돌 스타를 좋아한다면 아이가 좋아하는 아이돌 스타의 사진을 끼워 넣는 것도 좋은 방법이죠.

딱히 좋아하는 게 없거나 무엇을 좋아하는지 모른다면 아이에게 필요해 보이는 것을 끼워 넣어 주세요. 학교 수업 시간표나 학원 및 취미교실 시간표 또는 급식 메뉴 등 있어서 편리한 것이라면 무엇이든 좋습니다.

수첩에 끼워 넣어서 안 되는 것은 없습니다. 아이가 처음 갖게 될 자기 수첩을 마냥 좋은 것, 즐거운 것으로 생각할 수 있도록 꾸미게 하세요.

✏️ 첫걸음이 즐거워야 한다

먼저 아이에게 '수첩=일정 관리'가 아니라, '수첩=소중한 것, 좋아하는 것'이라는 생각을 심어 주는 것이 중요합니다.

물론 엄마는 아이가 앞으로 헤쳐 나갈 기나긴 인생에서 수첩과 친숙해짐으로써 자기 관리를 하고 자기 생각을 실현해 가길 바랄 테지요. 그러기 위해서는 첫걸음이 즐거워야 지속할 수 있습니다.

서두르지 말고 천천히 즐기는 것을 최우선으로 아이가 좋아하는 것을 차근차근 늘려 가 보세요. 하루 10분 수첩은 일정 관리가 가장 큰 목적이 아닙니다. 수첩으로 일상을 볼 수 있게 해서 엄마와 아이 사이를 야단치고 야단맞는 관계에서 웃는 얼굴로 대화하는 관계로 바꾸는 것이 목적입니다. 그리고 장기적으로 아이가 자립심을 기르고 자기 관리를 할 수 있도록 하는 것을 목표로 삼습니다.

그러므로 먼저 즐기는 것이 중요합니다. 수첩이라고 해서 어른들이 사용하는 것처럼 일정표를 끼워 넣거나 하지 마세요. '수첩을 열어 보고 싶다'는 생각이 들만큼 재밌고 신나는 것들을 아이 스스로 끼워 넣는 게 포인트입니다.

이 단계를 건너뛰면 아이가 계속해서 수첩을 사용하지 않을 수도 있습니다. 아이가 좋아하는 것을 끼워 넣어 수첩에 재미를 붙이고 '즐겁다' '계속 사용하고 싶다'라고 하면 다음 단계로 진행합니다.

그러므로 아이가 얼마나 흥미를 보이느냐에 따라 1단계의 지속 기간은 달라집니다.

미취학 아동은 수첩을 자기가 좋아하는 스티커 북이나 그림 수첩으로 여기면서 오랫동안 1단계에 머물러 있기노 합니다.

또 자기 수첩에 좋아하는 것을 끼워 넣었더니 일정 관리에도 관심이 생기고 '어른처럼 일정표를 쓰고 싶다!'는 생각이 커져서 2단계로 진행하는 아이도 있습니다.

매일같이 수첩을 펴 놓거나 외출할 때도 들고 다니고 싶어 하는 등 아이가 수첩을 애용하는 것처럼 보이면 다음 단계로 진행하세요.

1단계에서 시간이 오래 걸려도 괜찮습니다. 서둘러서 다음 단계로 진행하는 것보다 시간을 들여 수첩과 친해지는 편이 더 좋습니다. 서두르기보다 아이의 모습을 잘 살피면서 단계를 높여 주세요.

✏️ 사전 준비물 두 가지

내 아이에게 맞는 세상에 단 하나뿐인 수첩을 만들기 위해서는 사전에 준비해야 할 것이 두 가지 있습니다.

❶ A5 크기 시스템 다이어리 바인더
❷ 구멍 뚫는 펀치

이 두 개만 있으면 됩니다. 구체적으로 어떤 바인더와 펀치가 좋은지 추천할 만한 제품을 이어서 소개합니다.

A5 크기 시스템 다이어리 바인더

수첩이라고 하면 문고판 사이즈(A6)나 포켓 사이즈를 상상하는 분도 많겠지요. 그런데 아이가 쓰는 수첩은 A5 크기에 바인더 형식의 시스템 다이어리가 훨씬 좋습니다. 유치원이나 학교에서 나눠주는 유인물 대부분이 A4 크기라서 절반으로 접으면 A5 크기 다이어리에 딱 맞게 끼워 넣을 수 있기 때문이죠. 주변에서 흔히 볼 수 있는 종이에 구멍을 뚫어주기만 하면 A5 바인더에 딱 맞게 끼워 넣을 수 있어서 이 크기를 추천합니다.

시스템 다이어리 바인더는 문구점 등에 있는 수첩 코너에서 찾

*
A5 크기 시스템 다이어리 바인더

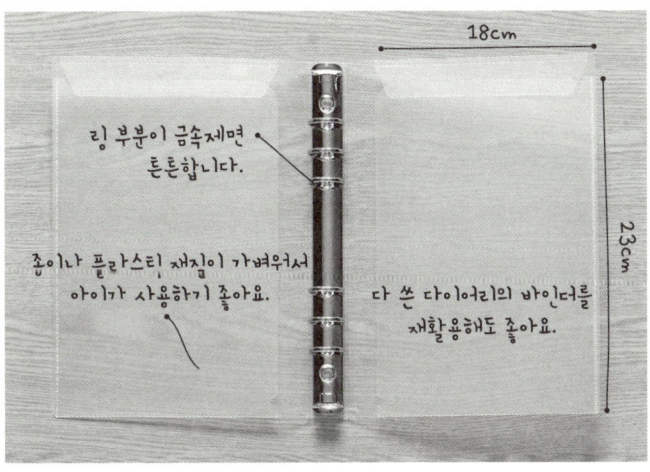

18cm

23cm

링 부분이 금속제면
튼튼합니다.

종이나 플라스틱 재질이 가벼워서
아이가 사용하기 좋아요.

다 쓴 다이어리의 바인더를
재활용해도 좋아요.

천 소재 다이어리 커버로
자기 취향에 맞게 꾸미기를 추천.
이것은 나와 딸아이의 수첩 커버입니다.

좋아하는 사진이나 그림을
A5 크기로 인쇄해서 표지에 덧대면
순식간에 오리지널 수첩 완성!

51

을 수 있습니다. 시스템 다이어리의 규격은 구멍 6개짜리입니다. 가죽이나 두꺼운 종이로 만든 것 등 재질이 다양하므로 아이가 사용하기 편한 것을 선택하면 됩니다.

저는 링은 금속제, 바인더 본체는 종이나 플라스틱 소재를 추천합니다(51쪽 참조). 가벼워서 아이가 사용하기 편리합니다. 다 쓴 다이어리의 바인더를 재활용해도 좋습니다. 인터넷에서 'A5 6공 바인더'를 검색하면 6~7천 원대 제품을 구매할 수 있습니다.

당장 수첩 습관을 시작하고 싶다면 쉽게 구할 수 있는 구멍 2개짜리 바인더도 상관없습니다. 다만 구멍 2개짜리 바인더는 끼워 넣은 것들이 움직이기 쉬워 불안정합니다. 또 구멍 한 개가 받는 힘이 크다보니 찢어지고 빠질 위험도 있습니다. 이럴 때는 도넛 모양의 구멍 보강용 스티커나 마스킹 테이프(14쪽 참조)로 찢어지지 않게 보완하여 사용하시기 바랍니다.

구멍 뚫는 펀치

바인더에 좋아하는 것을 끼워 넣으려면 구멍을 뚫는 펀치가 필요합니다. 구멍 2개짜리나 1개짜리 펀치는 1,000원 숍에서도 팔아서 쉽게 구할 수 있습니다.

구멍을 뚫을 때는 펀치 뒤쪽 덮개를 분리해서 구멍이 보이게 해둡니다. 수첩에 끼워 넣을 종이 위에 바인더 링을 올려놓고 구멍

다양한 펀치

휴대용 펀치도 편리하지만, 클리어 파일이나 지퍼 달린 주머니 등
두께가 있는 것을 뚫을 때는 탁상 펀치를 추천합니다.

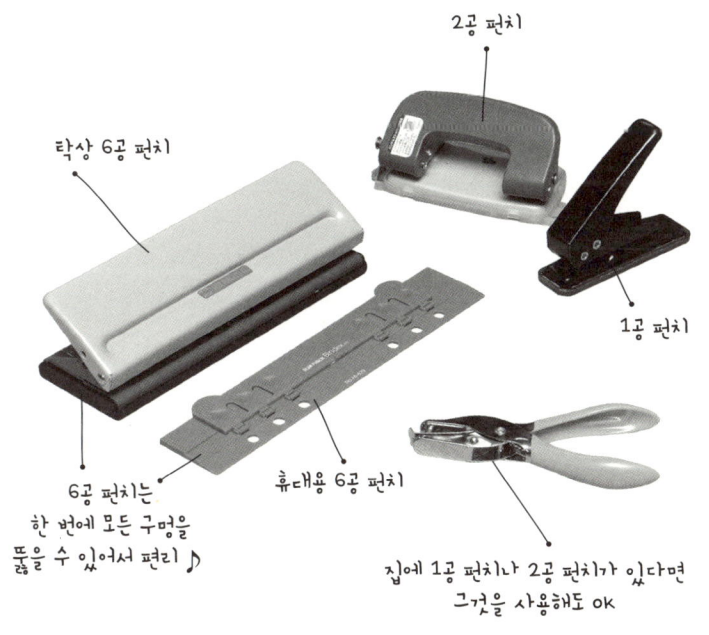

2공 펀치

탁상 6공 펀치

1공 펀치

휴대용 6공 펀치

6공 펀치는
한 번에 모든 구멍을
뚫을 수 있어서 편리 ♪

집에 1공 펀치나 2공 펀치가 있다면
그것을 사용해도 OK

위치를 잡습니다. 구멍이 보이게 펀치를 뒤집어서 이 위치에 갖다 대고 여섯 군데를 하나씩 뚫어 주세요.

6공 시스템 다이어리 전용 펀치도 있습니다. 바인더와 마찬가지로 문구점이나 온라인 쇼핑몰에서 구할 수 있는데, 수첩에 끼워서 가지고 다닐 수 있는 휴대용 펀치도 있고 한 번에 종이를 여러 장 뚫을 수 있는 탁상용 펀치도 있지요. 6공 펀치는 한 번에 구멍 여섯 개를 뚫을 수 있어서 매우 편리합니다.

어떤 종류든 상관없으므로 구멍 뚫는 펀치를 하나 준비해 두세요.

＊2단계＊
'혼자서도 할 수 있다!'를 늘려 간다

✏️ '수첩 덕분에 할 수 있었다'를 체감한다

수첩에 좋아하는 것을 끼워서 자주 보거나 '이 수첩은 내 것!'이라는 마음을 갖게 되어 수첩과 친해지면 다음 단계로 진행합니다.

'수첩에 달력을 빼놓을 수 없겠지?'라고 생각한 분이 계신다면 죄송해요. 아직 달력을 끼워 넣기는 이릅니다.

1장에서 살짝 언급했듯이 아이들에게는 눈앞의 일이 제일 중요해서 기본적으로 순간순간의 삶을 삽니다. 이런 아이들에게 장기적인 계획을 생각하라는 것은 말이 안 되죠.

그러므로 먼저 일과, 즉 아침에 일어나서 저녁에 잠들기 전까지를 생각하게 합니다.

"얼른 옷 갈아입어야지!" "이는 닦았니?" "손수건은 챙겼어?" "숙제해야지!" 등등 하나하나 말해주지 않으면 안 하고 넘어가는 경우가 많습니다.

2단계에서는 아이가 해야 할 일들을 엄마가 일일이 시키지 않아도 스스로 할 수 있도록 하는 것이 목표입니다.

"엄마가 말하지 않아도 수첩이 있으면 얼마든지 혼자서도 할 수 있다!"는 작은 성공 체험을 쌓아가다 보면 어느새 수첩은 아이에게 매우 편리한 아이템이 되어 갑니다.

1단계에서 느꼈던 '수첩은 즐거운 것'이라는 생각에 더하여 2단계에서 '수첩은 편리한 것'임을 느끼게 해주는 것이죠.

일상에서 겪는 난처한 상황, 아이가 스스로 할 수 있었으면 싶은 일 등 엄마의 생각이나 아이의 기분은 각기 다르게 마련입니다. 그래서 수첩에 담아야 할 내용은 사용할 아이의 상황에 따라 크게 다릅니다. 나이, 성격, 그리고 현재 아이가 혼자서도 할 수 있는 일, 아직 못하고 있는 일을 파악해서 그에 맞춰 수첩의 내용물을 구성하는 것이 좋습니다.

또한 쑥쑥 커가는 아이의 성장 속도에 맞춰 수첩의 내용물을 생각해 아이에게 현재 필요한 내용이 되도록 바꿔나가는 것이 중요합니다.

'눈에 보이지 않으므로 모른다. 모르니 행동하지 못한다'고 하는 상태를 '글자로 형상화하여 보고 행동할 수 있도록' 바꿔나가는 것입니다.

✏️ '정해진 일정'과 '할 일'의 차이

먼저 아이의 생활을 눈으로 볼 수 있는 형태로 드러냅니다. 아이 어른 할 것 없이 우리 생활은 크게 나눠 '정해진 일정'과 '할 일'로 이루어지는데, 이것을 수첩에 적어 눈으로 확인할 수 있도록 하는 것이죠.

그럼 이제 구체적으로 아이의 생활을 생각해 볼까요.

'정해진 일정'은 학교에 가거나 수영 교실에 가거나 치과에 가거나 할아버지 집에 가는 것처럼 대상이 있고 시간이 정해져 있으며 그것을 해야 하는 시간의 변동이 어려운 일을 말합니다.

'할 일'은 학교 알림장을 가방에서 꺼내 엄마에게 보여주기, 숙제하기, 욕실 청소하기, 게임 하기와 같은 일들로 언제 어떤 시간에 할 것인지 아이 스스로 결정할 수 있는 사항들입니다.

이런 여러 가지 일들을 머릿속에서 조합하고 정리하여 무엇을 할 것인지, 무엇부터 해야 하는지 생각하면서 하루를 보내는 것은 어른에게도 쉽지만은 않습니다.

하물며 눈에 보이지 않는 것을 이해하는 힘이 약하고 경험치도 적은 아이들은 오죽할까요. 그래서 숙제는 나 몰라라 하고 텔레비전에 빠져 있거나 집에서 나가야 하는 시간인데도 준비가 덜 되었거나 하는 것입니다.

또한 일정표를 사용해서 자기 행동을 파악하도록 하려고 해도 '정해진 일정'이 쓰여 있을 뿐이라 생각만큼 잘 안 되는 경우가 많습니다.

특히 아이들은 어른이 보기에 너무 당연한 '할 일'이 생활습관으로 몸에 배지 않은 상태이므로, 이 '할 일'에 관해서는 분명하게 이해시켜야 합니다.

✏️ '정해진 일정'과 '할 일'을 가시화한다

"엄마가 시키지 않아도 수첩만 있으면 혼자서도 할 수 있다!"를 실현하기 위해 '일일 계획표'라는 시트를 활용해 할 일을 눈에 보이는 형태로 만들어줍니다.

'일정'은 일일 계획표에 직접 써넣고, '할 일'은 붙임쪽지에 적어 일일 계획표에 붙이는 형태로 하루의 생활을 수첩 안에 담아 보는 것입니다.

그러면 막연하기만 했던 하루의 생활, 즉 구체적으로 무엇을 어떤 순서로 해야 하는지 이해하게 됩니다.

지금까지는 엄마의 잔소리와 성화에 못 이겨 투덜대며 마지못해 하던 일들이었지만, 수첩을 보면 자신이 무엇을 해야 하는지 알 수 있으니 누가 시키지 않아도 스스로 할 수 있게 되는 것이죠.

이렇게 해서 엄마와 아이가 같은 인식을 하게 되므로 "숙제는 다 했니?" "먼저 저것부터 하는 게 어때?"라며 여러 차례 말로 확인하거나 지시할 필요가 없어지게 됩니다.

✏️ 2단계에서 꼭 필요한 세 가지 아이템

그럼 이제 2단계에서 사용할 '일일 계획표'와 '붙임쪽지 붙임용 시트' '붙임쪽지'라는 세 가지 아이템에 대해서 자세히 설명하겠습니다.

아이템1 일일 계획표

일일 계획표는 하루를 어떻게 보낼 것인지 계획을 세울 때 사용하는 일정표입니다.

시간이나 예정된 일을 써넣고, 할 일을 적은 붙임쪽지를 붙여 계획을 짭니다.

시트에 붙임쪽지를 붙였다 뗐다 하면서 사용하므로 시트 한 장을 여러 차례 사용할 수 있습니다.

'일일 계획표'라고 해서 꼭 시트 한 장에 아침부터 저녁까지 하루의 모든 계획을 담을 필요는 없습니다. 오전과 오후로 나누어 시트 여러 장을 사용해도 되고, 또 학원에 가는 날의 일과표, 학교가 쉬는 날의 일과표 등등 몇 가지 패턴을 마련하는 것도 한 방법입니다.

미취학 아동의 경우는 아이가 혼자서 해야 하는 일이 집중된 '아침 시간대 할 일'과 '유치원 귀가 후 할 일'로 나누어 두 장을 준비하는 것도 좋겠지요.

초등학교 저학년의 경우도 미취학 아동과 크게 다르지 않으므로 '아침 등교 준비'와 '학교 귀가 후 할 일'로 나누어 두면 자신이 해야 할 일이 무엇인지 훨씬 쉽게 알 수 있습니다.

보습학원이나 취미교실에 가야 하는 일정 등으로 오후 시간을 보내는 방법에 몇 가지 패턴이 있다면 오후의 일일 계획표는 일정이 있는 날과 없는 날 두 가지 패턴으로 준비해도 좋고요.

초등학교 고학년은 학원에 가는 날이 많으므로 요일별로 준비하기를 추천합니다. 고학년쯤 되면 아침 등교 준비는 이미 습관화되었을 테니 자세하게 써넣지 않아도 되므로 아침과 저녁으로 구분하지 말고 한 장에 일과를 담아 주세요.

이 책에서는 이처럼 나이에 따라 다음 세 가지 유형의 일일 계획표를 소개합니다. 생활방식과 용도에 맞춰 활용하시기 바랍니다.

미취학 아동용 일일 스케줄표 A형

특별히 정해진 형태는 없으므로 아이 취향에 따라 원하는 종이를 사용하면 됩니다. 좋아하는 편지지 등에 구멍을 뚫어주기만 하면 완성이죠.
'아침에 일어나면' '가방 속' 등의 제목을 적고 할 일을 써넣은 붙임쪽지(스스로 할 일)를 붙여 놓으면 자신의 할 일을 눈으로 볼 수 있으므로 시키지 않아도 스스로 무엇을 해야 하는지 알게 되지요.

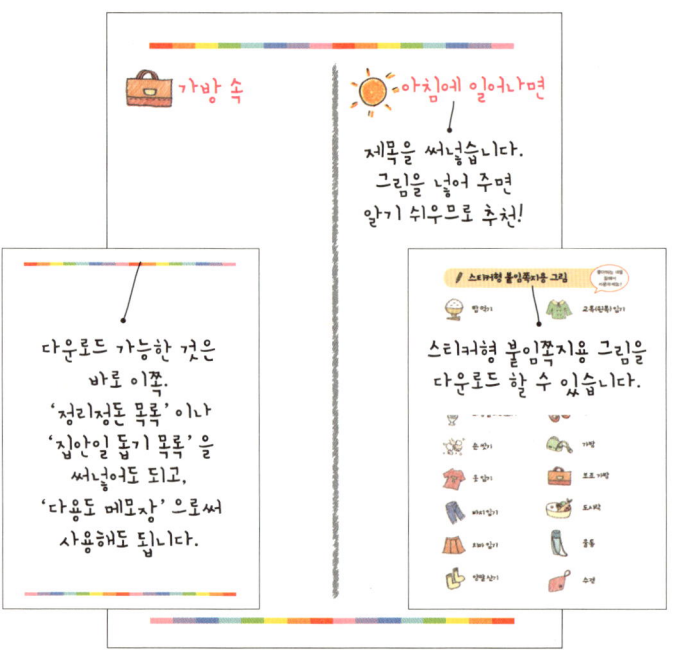

가방 속

아침에 일어나면

제목을 써넣습니다.
그림을 넣어 주면
알기 쉬우므로 추천!

다운로드 가능한 것은
바로 이쪽.
'정리정돈 목록'이나
'집안일 돕기 목록'을
써넣어도 되고,
'다용도 메모장'으로써
사용해도 됩니다.

스티커형 붙임쪽지용 그림

스티커형 붙임쪽지용 그림을
다운로드 할 수 있습니다.

※다운로드 방법은 284쪽을 참조하세요.

초등학교 저학년용 일일 스케줄표 B형

시계 그림에 시곗바늘을 그려 넣고 할 일을 써넣은 붙임쪽지를 시계 그림 옆에 붙이는 형태입니다.

시계 그림과 실제 시계를 번갈아 보다 보면 시계를 보는 연습도 되고 할 일과 시간을 함께 의식하게 되죠.

시곗바늘을 그려 넣을 때는 긴 바늘과 짧은 바늘을 서로 다른 색으로 하면 더욱 알기 쉽습니다.

초록색, 노란색, 파란색 각각 준비물 적는 칸이 있는 것과 없는 것으로 총 여섯 가지 패턴을 다운로드 할 수 있습니다.

준비물 적는 칸 있는 것　　　　**준비물 적는 칸 없는 것**

※다운로드 방법은 284쪽을 참조하세요.

초등학교 고학년용 일일 스케줄표 C형

시간을 숫자로 써넣는 형태입니다. 30분 단위로 나눠서 시간을 어느 정도 균등하게 볼 수 있습니다. 어른이 사용하는 시스템 다이어리에서 흔히 볼 수 있는 형태입니다.

학원 가기 등 정해진 일정 사이사이 자신이 '할 일'을 언제 하면 좋을지 자세하게 계획을 짤 수 있습니다.

노란색과 파란색 각각 준비물 적는 칸이 있는 것과 없는 것으로 총 네 가지 패턴을 다운로드 할 수 있습니다.

준비물 적는 칸 있는 것

준비물 적는 칸 없는 것

※다운로드 방법은 284쪽을 참조하세요.

64

아이템2 붙임쪽지 붙임용 시트

일일 계획표에 붙여 놓은 붙임쪽지에 기재된 할 일을 마치면 그 붙임쪽지를 떼어서 둘 장소가 필요한데, 이것을 '붙임쪽지 붙임용 시트'라 부르기로 하겠습니다. '붙임쪽지 붙임용 시트'는 일일 계획표와 나란히 볼 수 있도록 바로 옆 페이지에 배치합니다.

왼쪽의 일일 계획표에 붙여 두었던 붙임쪽지를 떼서 오른쪽에 옮겨 붙이면 자신이 이미 한 일과 앞으로 할 일을 확실하게 구분할 수 있습니다.

"오늘은 이만큼이나 스스로 해냈나!"고 하는 자신감으로 이어질 뿐 아니라, "아직 못 한 게 많으니 지금부터 열심히 하지 않으면 자는 시간이 늦어지겠다!"며 스스로 의식하는 계기가 되기도 하죠.

또한 아이는 물론이고 엄마도 수첩을 보고 아이의 상황을 확인할 수 있어 편리합니다.

붙임쪽지 붙임용 시트는 어떤 종이를 사용하든 상관없습니다만, 클리어 파일을 잘라 구멍을 뚫어서 사용하면 종이보다 튼튼해서 좋습니다(13쪽 참조).

아이템3 붙임쪽지(할 일 붙임쪽지)

할 일을 써넣은 붙임쪽지를 여기서는 '할 일 붙임쪽지'라고 부르겠습니다.

'할 일' '준비물' '집안일 돕기' '희망 사항' 등은 붙임쪽지에 적어 이동하거나 다른 날 다시 사용할 수 있도록 합니다. 용도에 따라 붙임쪽지의 종류를 구별해서 사용하면 더욱 편리합니다.

▶ 종이형 붙임쪽지

일일 계획표에 붙여 놓을 할 일, 준비물, 제출물, 기타 메모 등을 적습니다.

종이로 된 붙임쪽지는 내구성이 약하므로 '운동회' '참관일' 등과 같이 한시적인 일정과 '빈 우유 팩' '학교에 내는 돈' '그림 도구' 등 그날 하루만 필요한 준비물을 기재할 때 사용하세요.

일일 계획표에 반복적으로 붙이는 학원 또는 취미교실 준비물이나 매일 아침 할 일 등은 다음에 소개하는 필름형 붙임쪽지나 스티커형 붙임쪽지를 이용하는 것이 좋겠습니다.

붙여 놓은 붙임쪽지가 떼어져서 없어지면 곤란하므로 점착력이 좋은 것을 고르세요.

또한 점착제가 안 묻은 부분이 길다 보면 떼어지기 쉬우므로 내용을 적고 남는 부분은 잘라내어 버리는 편이 좋습니다.

▶ 필름형 붙임쪽지

매일(또는 빈번하게) 할 일이나 거듭 필요한 준비물 등을 적어 넣습니다.

필름형 붙임쪽지는 비교적 내구성이 강하고 점착력이 좋은 것이 많으므로 반복 사용할 수 있습니다. 이를테면 붙여 놓은 붙임쪽지의 순서를 바꿔 할 일의 차례를 다시 계획하거나 이미 챙겨 놓은 준비물과 그렇지 못한 준비물을 구분하여 붙일 수도 있지요.

단, 필름형 붙임쪽지는 유성 매직으로 써야 글자가 잘 지워지지 않으니 주의하세요.

▶ 스티거형 붙임쪽지

매일(또는 빈번하게) 할 일이나 거듭 필요한 준비물 등을 적어 넣습니다. 용도와 사용방법은 필름형 붙임쪽지와 같습니다.

스티커 라벨은 뒷면에 점착제가 묻어 있는 소형 라벨용지를 말하는데, 붙였다 뗄 수 있는 또는 떼어내기 쉬운 유형의 것을 고르세요.

일반적인 붙임쪽지와 달리 전체 면적에 점착제가 묻어 있어 잘 떨어지지 않으므로 미취학 아동용으로 추천합니다. 약간 큼직한 스티커에 글자와 그림을 넣어주면 글을 아직 못 읽는 아이도 쉽게 그 내용을 알 수 있습니다.

단, '스티커형 붙임쪽지'라는 제품은 시중에서 살 수 없고, 69쪽을 참고하면 스티커와 마스킹 테이프로 만들 수 있습니다.

★ 붙임쪽지의 종류 ★

스티커형 붙임쪽지

전체 면적에 점착제가 묻어 있으므로 가장자리에 마스킹 테이프를 붙여주면 편리합니다.

스티커형 붙임쪽지는 점착력도 좋고 크기도 커서 미취학 아동용으로 추천!

종이형 붙임쪽지

종이 재질 붙임쪽지는 약해서 1회 한정의 할 일이나 준비물 등을 써넣을 때 편리합니다.

필름형 붙임쪽지

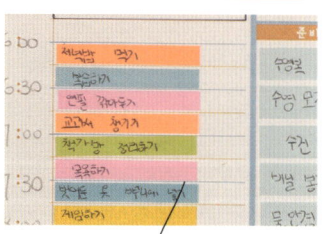

필름 재질 붙임쪽지는 튼튼하고 잘 안 떼어지는 것이 특징. 반복 사용할 수 있습니다.

✶ 스티커형 붙임쪽지 만드는 법 ✶

❶ 스티커 라벨 가장자리에 마스킹 테이프를 붙인다.

❷ 마스킹 테이프를 조금 잡아당겨서 스티커 라벨을 절반 정도 떼어낸 후 뒷면(점착제가 묻은 면)에 접어 붙인다.

❸ 마스킹 테이프가 이어져 있는 부분을 자른다.

준비할 것

[스티커 라벨용지]
- 어떤 사이즈든 OK
- '붙였다 떼어낼 수 있는' 또는 '떼어내기 쉬운' 점착력이 약한 것
- 1,000원 숍에서 구매 가능

[마스킹 테이프]
- 뒷면에 접어 붙여야 하므로 1.5cm 이상 폭이 있는 것을 추천
- 1,000원 숍에서 구매 가능

스티커형 붙임쪽지 완성

✏️ 일일 계획표 만드는 법

일일 계획표와 붙임쪽지를 준비했다면 아이와 함께 대화를 나누면서 수첩의 내용물을 만들어 나갑니다.

먼저 일상생활 속에서 불편한 점이나 스스로 할 수 있으면 좋겠다고 생각하는 일은 무엇인지를 아이와 얘기해 보세요.

'수영 교실에 가는 날 준비가 늦어 허둥지둥 나가는 행동을 어떻게든 고쳐주고 싶다' '숙제가 좀처럼 끝나지 않아 자는 시간이 늦다' 등등, 지금 당장 무엇이 가장 큰 문제인지 구체적으로 열거해 봅니다.

그리고 그것을 개선하기 위한 일일 계획표와 할 일 붙임쪽지를 만들어주세요.

1단계 할 일 붙임쪽지 만들기(76쪽 ❶)

'할 일'을 하나씩 붙임쪽지에 적습니다.

필요에 따라 '준비물'이나 '심부름 및 집안일 돕기' 등도 붙임쪽지에 적어 보세요.

'할 일' '심부름 및 집안일 돕기' 등을 실제로는 못하고 있어도 상관없습니다. 하자고 약속했던 일, 해야 하는 일도 모두 붙임쪽지에 써 나갑니다. 여기서 포인트는 '세분화'입니다. 아이가 보고 이해할 수 있고 스스로 해낼 수 있을 정도로 세세하게 쓰는 것이죠.

예를 들어 '수영 교실에 갈 준비'라고 써도 무엇을 준비해야 하는지 모르는 아이가 적지 않습니다. 그러므로 '수영복으로 갈아입기' '물건을 가방에 넣기' 등 자세하고 구체적으로 할 일을 씁니다.

그리고 '물건'이라는 말로는 무엇을 챙겨야 하는지 모를 수도 있으므로 '티셔츠' '바지' '팬티' '비닐봉지' '수건' '모자' 등과 같이 모든 것을 일일이 써넣는 것이 좋습니다. 붙임쪽지 한 장에 한 가지 준비물을 적어야 합니다. 할 일과 준비물을 적는 붙임쪽지는 색깔을 달리하면 더욱 알기 쉬워집니다.

붙임쪽지에 글자를 쓰는 것은 엄마가 해도 좋고 아이가 해도 좋습니다. 작은 붙임쪽지에 글자를 써넣는 게 쉽지는 않을 테니 굳이 아이에게 직접 쓰도록 할 필요는 없어요.

작업 포인트는 다름이 아니라 생각은 아이가 하고, 그것을 정리하고 적는 일은 엄마가 돕는다는 것이죠.

"뭘 해야 할까?" "다음은 뭐가 있을까?" 하고 자꾸 말을 걸어 아이가 생각하도록 부추깁니다.

붙임쪽지에 할 일을 다 적었다면 그것을 당장 일일 계획표에 붙이는 것이 아니라, 먼저 복사용지 등 메모지를 한 장 준비해 그 종이 왼쪽에 쭉 붙여 봅니다.

2단계 현상 파악(76쪽 ❷)

이제 1단계에서 적어본 붙임쪽지를 옮겨 붙이면서 계획을 세워야 하는데, 그 전에 아이의 현재 상태를 파악해야 합니다. 먼저 아이가 평소 어떤 차례로 무엇을 하고 있는지, 어느 정도 시간이 걸리는지 생각해 봐야겠죠.

가령 '수영 교실에 갈 때마다 준비가 느려서 늘 허둥대며 간다'는 고민을 개선하고자 할 때라고 합시다.

1단계에서 준비한 메모지를 그대로 사용해 계획을 짭니다. 일단 메모지 오른쪽에 학교에서 돌아오는 시간 '3시'라고 쓰고, 앞서 왼쪽에 붙여두었던 '집으로 돌아오기'라는 붙임쪽지를 떼어 '3시'라는 시간 옆에 옮겨 붙입니다.

그런 다음 평소 집으로 돌아와서 하는 일들을 적은 붙임쪽지를 차례로 그 밑에 붙이고 시간을 적습니다.

꼭 모든 붙임쪽지에 시간을 적을 필요는 없어요. 언제 무엇을 하는지 대략적인 시간 배분을 알 수 있으면 되니까요.

미취학 아동은 아직 시계를 보지 못할 테니 집으로 돌아오면 무엇을 하는지, 어떤 차례로 하는지, 행동 하나하나와 타이밍을 물어봅니다. 시계 보는 법을 자세하게 배우는 초등학교 2학년 이상의 아이라면 몇 시에 하는지, 그다음엔 무엇을 하는지 물으면서 아이자신이 스스로 현상을 파악하도록 돕습니다.

이렇게 평소 아이가 해오던 대로 하나하나 오른쪽에 옮겨 붙여 보면 1단계에서 써넣은 할 일 붙임쪽지의 내용 중 지금 아이가 못 해내고 있는 일들이 왼쪽에 그대로 남아 있게 됩니다.

다시 말해 오른쪽에 옮겨 붙인 붙임쪽지는 현재 아이가 스스로 해내고 있는 일이고, 왼쪽에 남아 있는 붙임쪽지는 앞으로 혼자서 할 수 있어야 하는 일들이라는 얘기가 되지요. 이로써 아이가 할 수 있는 일과 아직 못하고 있는 일이 파악됩니다.

3단계 계획 세우기(76쪽 ❸)

2단계에서 현상을 파악했으니 다음은 곤란한 상황을 해소하기 위해 어떻게 하면 좋을지 아이와 함께 생각합니다.

가령 4시 45분에 집에서 나가는 것이 현상이라면 여유를 가지고 집에서 나갈 수 있도록 '4시 30분에 집에서 출발'이라는 계획을 생각합니다.

메모지 오른쪽을 사용해 이 시간대에 군이 하지 않아도 되는 일을 빼거나 차례를 바꾸는 등 붙임쪽지를 다시 정렬해서 계획을 세우는 것이죠. 엄마는 아이에게 물어보면서 아이 자신이 생각할 수 있도록 도움을 주는 정도면 됩니다. 아무쪼록 "이걸 먼저 해야지!" "이런 차례로는 어렵지."라는 등 부모의 생각을 강요하지 않도록 주의하세요.

다만 아이는 시간 감각이 충분하지 않습니다. "4시 30분에 집에서 출발하려면 몇 시에 옷을 갈아입는 게 좋을까?" 하고 질문해도 본인은 잘 모를 것입니다. 적어 놓은 붙임쪽지를 보면서 "지금은 이런 차례로 하고 있어서 수영 교실 가는 시간이 늦어지는 것 같네. 좀 일찍 나가려면 수영 교실 다녀와서 해도 되는 일은 없을까?" 하고 구체적으로 이미지를 떠올릴 수 있도록 질문하면 아이도 생각하기가 쉬워지겠죠.

어디까지나 주인공은 아이라는 사실을 염두에 두고 대화를 하면서 함께 생각해 보세요.

가능하면 2단계에서 현상을 파악할 때 지금 '하지 못하는 일'이라 오른쪽에 옮겨 붙이지 못한 것도 할 수 있도록 하는 계획을 세우는 것이 좋습니다. 그러려고 붙임쪽지에 적었으니까요.

하지만 못하는 일을 단번에 전부 오른쪽으로 이동시키려 하지는 마세요. 해낼 수 있는 일을 조금씩 늘려 가는 편이 아이의 의욕 상승으로 이어집니다.

한 장의 일일 계획표 안에는 '이미 가능한 일 70퍼센트, 앞으로 노력해야 할 일 30퍼센트' 정도의 비율(7:3 법칙)이 계속할 수 있는 포인트이니, 너무 꽉꽉 채워 넣지 않도록 주의하면서 계획을 세우는 것이 좋겠습니다.

실제로 계획한 대로 잘 안 되더라도 괜찮습니다. 잘 되든 안 되든 '스스로 계획을 세우고 실천한다'는 경험이 중요하니까요. 실패는 다음 계획을 세울 때 참고가 됩니다.

몇 번이든 붙였다 떼었다 할 수 있는 것이 붙임쪽지의 장점이지요. 잘 될 것 같은 계획이 완성될 때까지 몇 번이든 붙임쪽지를 다시 붙이면 됩니다.

또한 실제로 해보고 잘 안 되면 언제든 수정할 수 있습니다.

4단계 일일 계획표에 붙임쪽지를 옮겨 붙인다(77쪽 ❹)

네모지를 사용해서 계획 세우기를 마쳤다면 이제 일일 계획표에 옮겨 붙여줍니다. 학원에 가거나 취미교실에 가는 등의 고정적인 일정은 시간과 내용을 직접 계획표에 써넣고, 할 일 붙임쪽지는 일일 계획표에 붙여주면 완성입니다.

★ 일일 계획표의 계획 짜는 방법 ★

❶ 복사용지 등을 사용해 왼쪽에 할 일, 할 수 있게 되었으면 싶은 일, 준비물 등을 써넣은 붙임쪽지를 붙입니다.

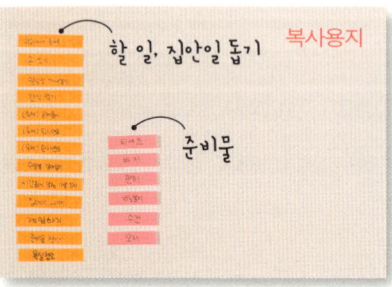

❷ 용지 오른쪽에 시간 축을 쓰고, 현재 하고 있는 순서로 붙임쪽지를 옮겨 붙여 현상을 파악합니다.

오른쪽에 옮겨 붙이지 못한 붙임쪽지는 지금 현재 하지 못하고 있는 일이라는 얘기가 됩니다.

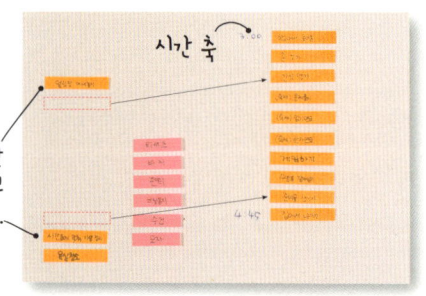

❸ 왼쪽에 남은 붙임쪽지를 오른쪽에 옮겨 붙일 수 있도록 엄마와 아이가 대화를 통해 조정합니다. 여기서는 '알림장 꺼내 놓기'와 '시간표에 맞춰 가방 정리'가 가능해지도록 조정했고, '게임'은 이 시간대에는 하지 않기로 정했습니다.

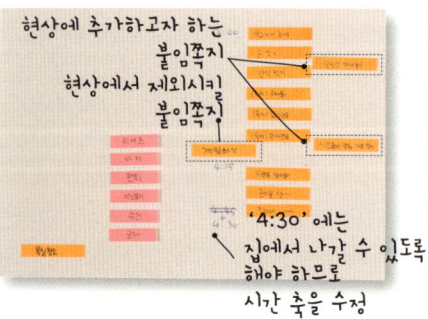

❹ 계획이 정리되면 일일 계획표에 옮겨 붙입니다.

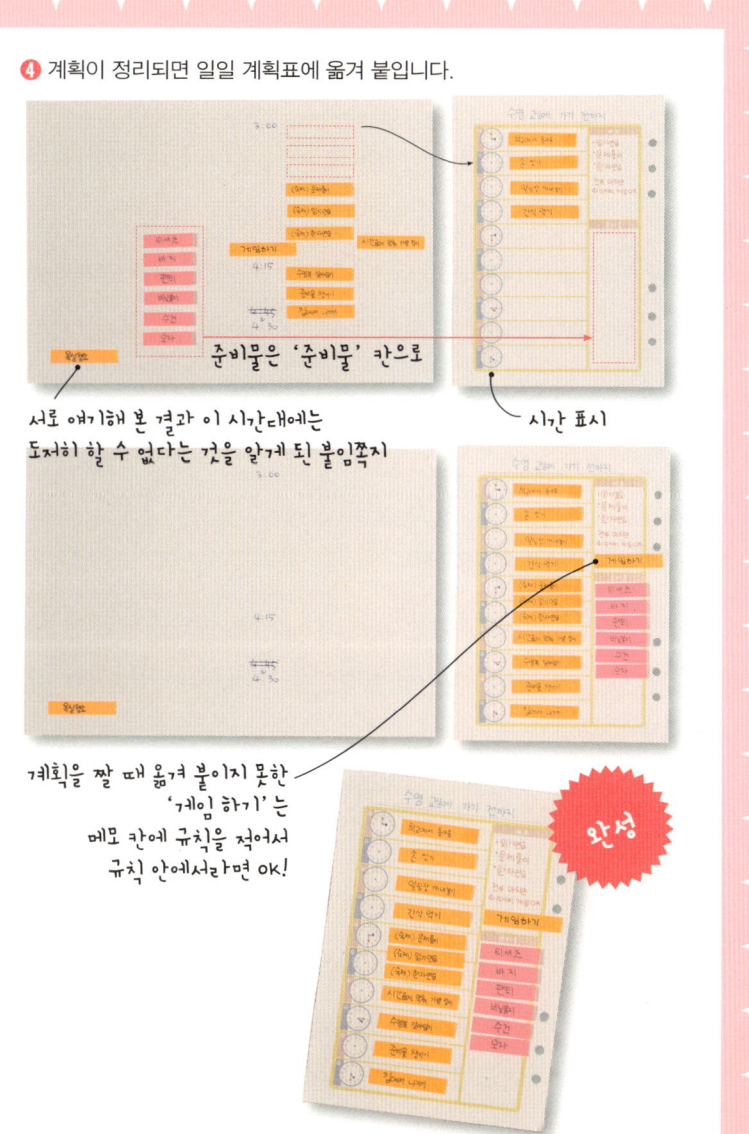

준비물은 '준비물' 칸으로

시간 표시

서로 얘기해 본 결과 이 시간대에는
도저히 할 수 없다는 것을 알게 된 붙임쪽지

계획을 짤 때 옮겨 붙이지 못한
'게임 하기'는
메모 칸에 규칙을 적어서
규칙 안에서라면 OK!

완성

✎ 나이별 일일 계획표의 구체적 예

이 일일 계획표와 할 일 붙임쪽지는 아이에 따라 내용이 크게 달라지므로 수첩 습관의 가장 중요한 부분입니다.

지금 아이가 어려워하는 일, 앞으로 아이가 잘해냈으면 싶은 일, 그리고 4장에서 소개하는 사례 등도 참고하여 아이에게 맞는 여러 가지 패턴을 만들어 보세요. 여기서는 나이별 구체 예를 자세히 소개하겠습니다.

미취학 아동(일일 계획표 A형)

미취학 아동의 경우는 시간 감각이 거의 없으므로 구체적인 시간은 의식하지 말고 할 일을 위에서부터 차례로 하나하나 실행하는 것을 반복하게 합니다.

세 살부터 여섯 살까지는 생활습관을 익히는 시기라고 할 수 있습니다. 엄마가 매일 하나에서 열까지 지시하던 것을 아이가 수첩을 보면서 스스로 할 수 있게 하여 주는 것이죠.

큼직한 스티커형 붙임쪽지나 필름형 붙임쪽지(68쪽 참조)에 할 일을 하나씩 적어 할 일 붙임쪽지를 만듭니다. 만든 붙임쪽지를 위에서부터 차례로 붙여주면 완성입니다(80쪽 참조).

붙임쪽지에 써넣은 할 일을 매일 차례로 실행하도록 하여 그 일을 마치면 옆 페이지에 배치한 '붙임쪽지 붙임용 시트'로 옮겨 붙이도록 하세요. 이 시기의 아이는 스티커 붙이기를 무척 좋아해서 붙임쪽지를 옮겨 붙이는 게 즐거워 더 적극적으로 할 일을 하는 경우가 많습니다.

수첩을 보면 아이가 혼자서 해낸 일, 앞으로 해야 할 일이 일목요연하게 드러나 엄마와 아이가 함께 확인할 수 있으므로 "어서 해야지!" "그건 다했니?"와 같은 말이 사라지게 됩니다. 아이가 "나 혼자 이를 닦았다!" "스티커를 옮겼어!" "이제 옷 갈아입어야지!" "혼자서도 잘한다고!" 하는 체험을 낳이 하게 해주세요.

미취학 아동의 경우 장기적인 계획을 세우기는 어렵습니다. 게다가 아이가 혼자서 할 수 있도록 세세하게 할 일을 나눠야 하고 그것을 일일이 모두 적다 보면 붙임쪽지의 양이 많아져서 일일 계획표 한 장에 다 못 붙일 수도 있습니다.

할 일 붙임쪽지가 많은 경우는 여러 장에 나눠 붙여 주세요. 그리고 한 장의 시트에 붙이는 붙임쪽지는 10장 정도가 되도록 합니다. 이를테면 '아침에 일어나면' 시트, '유치원 준비물' 시트, '집에 돌아오면' 시트와 같이 구분하는 것이죠.

그리고 앞서 서술한 7:3의 법칙(74쪽 참조)을 잊지 말고, 못하는 것만 넘쳐나는 '힘내자!' 시트가 되지 않도록 주의가 필요합니다.

일일 계획표 A형 활용 예

 미취학 아동을 위한 A형

아이가 할 일을 붙임쪽지에 그림으로 그려 넣고, 아이가 좋아하는 종이에 붙여 사용합니다. 위에서 차례로 하나씩 실행한 후에는 붙임쪽지 붙임용 시트로 옮겨 붙이게 하면 앞으로 해야 하는 일과 이미 끝낸 일을 한눈에 알아볼 수 있습니다.

어린아이의 경우
짧은 장면이나 상황을 단위로 구분 지어주는 편이
이해하기 쉽습니다

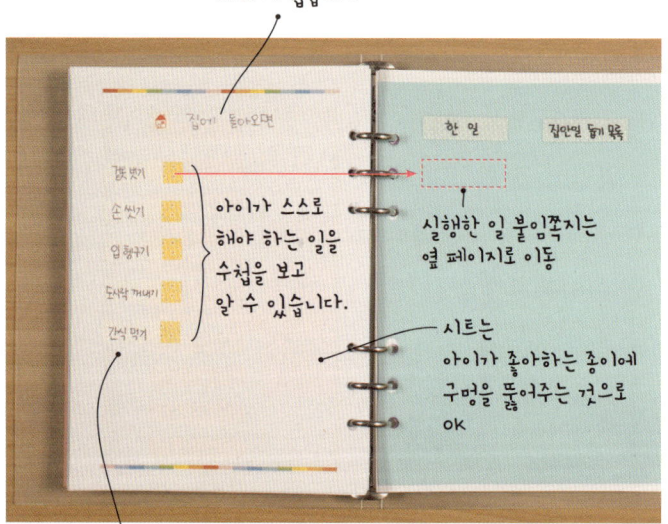

아이가 스스로
해야 하는 일을
수첩을 보고
알 수 있습니다.

실행한 일 붙임쪽지는
옆 페이지로 이동

시트는
아이가 좋아하는 종이에
구멍을 뚫어주는 것으로
OK

몸에 배게 하고 싶은 생활습관을
간결하게 정리하는 것이 포인트

80

초등학교 저학년(일일 계획표 B형)

일일 계획표는 B형의 시계 그림이 그려진 것을 추천합니다(83쪽 참조).

기본적인 생활습관이 몸에 배기 시작해 스스로 할 수 있는 일이 늘어나는 시기입니다. 그리고 학교에 다니기 시작하면 조금씩 시간을 의식하며 생활해야 합니다.

시계 보는 법을 익히는 시기이기도 하므로 일일 계획표에 기재한 시계와 실제 시계를 대조하면서 자신이 언제 무슨 일을 해야 하는지, 이를테면 "10분 후에는 시작해야겠네!"와 같은 시간 감각과 더불어 할 일을 파악할 수 있게 되죠.

할 일 붙임쪽지에 내용을 쓸 때는 미취학 아동보다는 습관으로써 몸에 밴 것이 많을 테니 이미 무의식적으로 하는 것들은 생략하거나 한쪽에 정리해두어도 좋습니다.

예를 들면 아침에 일어나서 꼭 화장실에 가는 습관이 배었다면 굳이 '화장실 다녀오기'라는 붙임쪽지는 만들지 않아도 된다는 말입니다.

또 어렸을 적에 '잠옷 벗기' '옷 입기'와 같이 세세하게 나누어 붙임쪽지를 썼었더라도 초등학교 저학년쯤 되면 '옷 갈아입기'라는 붙임쪽지 하나로 충분하다는 얘기죠.

대신에 '잠옷은 세탁 바구니에 넣기'라는 붙임쪽지를 추가할 수 있겠네요.

이미 습관으로 자리 잡은 내용을 붙임쪽지에 쓰지 않는 대신에 심부름 및 집안일 돕기와 관련된 일이나 앞으로 아이가 익혔으면 하는 내용을 적어 봅니다.

단, 7:3 법칙을 잊지 말고, 할 수 있는 일이 늘어났다면 도전할 일도 늘려 주세요.

같은 페이지에 집안일 돕기나 준비물 챙기기 등도 붙임쪽지에 적어서 붙여 두면 '스스로 할 수 있다!'를 더 많이 달성할 수 있습니다.

또 앞서 서술한 바와 같이 학원이나 취미교실에 다니는 경우는 그에 따라 '피아노 교실 가는 날' '학원 안 가는 날'과 같은 몇몇 패턴을 준비해 두면 편리합니다.

일일 계획표 B형 활용 예

초등 저학년을 위한 B형

시계 보는 법을 익힐 시기의 아이에게 추천. 시계 보는 법과 더불어 자신의 할 일을 기억할 수 있게 됩니다. '학교 가는 날' '학원 또는 취미교실 가는 날' '등교 준비' 등, 몇 가지 패턴을 마련하여 구분해서 사용하면 편리합니다.

시계에 시곗바늘을 그려 넣어요.
실제 시계와 비교해 보면서
시간을 인식할 수 있습니다.

이미 끝낸 일은
옆 붙임쪽지 붙임용 시트로 이동

할 일을 얼마만큼
자세하게 쓸 건가는
아이의 생활습관에
달려 있습니다.
기재한 '할 일 붙임쪽지'는
실행할 차례로
위에서부터 붙여주세요.

준비물을 적은 붙임쪽지를 붙이면
'준비물 목록'이 됩니다.

83

초등학교 고학년(일일 계획표 C형)

생활습관이 몸에 배는 한편 '해야 할 일'이 늘어나는 시기입니다.

정해진 시간 안에서 무엇을 언제 하면 좋은지를 계획해서 행동해 가야 하죠. 아이 스스로가 수첩을 통해 생각할 수 있게 해주세요.

이 경우에는 하루의 흐름을 파악할 수 있는 C형 일일 계획표가 편리합니다(85쪽 참조).

학교나 학원 가기 등 시간이 정해진 일정은 수첩에 직접 써넣습니다. 그 밖의 할 일, 이를테면 '숙제' '게임' '학원 갈 준비' 등은 하나하나 붙임쪽지에 씁니다.

일정이 기재되지 않은 부분에 붙임쪽지를 붙여 어떤 차례로 할까 생각합니다.

'목욕하기' '밥 먹기' 등 당연히 하는 일도 정해진 시간 안에서 할 수 있도록 '할 일'로써 붙임쪽지에 써넣는 것을 잊지 마세요.

시트는 요일별로 7장을 추천합니다.

일일 계획표 C형 활용 예

초등 고학년을 위한 C형

정해진 일정은 시트에 직접 써넣고 해야 할 일이나 하고 싶은 일은 붙임쪽지에 적어 빈 시간대에 붙여둡니다. 시간이 균등하게 나누어져 있으므로 정해진 시간 안에서 무엇을 언제 하면 좋을지 계획을 세울 수 있습니다.

디지털 형식으로 표기한
시간을 안다면
저학년의 경우도 사용 가능!

여러 가지로 할 일이 많아 바쁜 시기이므로,
요일별로 시트를 만들어 사용하기를 추천

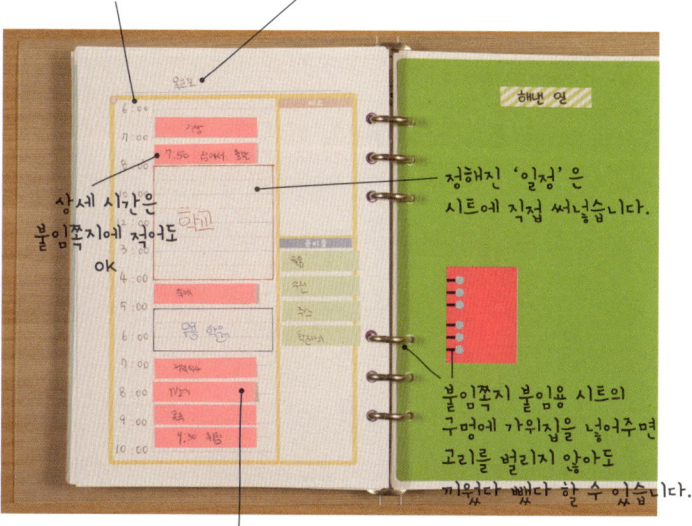

상세 시간은
붙임쪽지에 적어도
OK

정해진 '일정'은
시트에 직접 써넣습니다.

붙임쪽지 붙임용 시트의
구멍에 가위집을 넣어주면
고리를 벌리지 않아도
끼웠다 뺐다 할 수 있습니다.

'TV 보기'도 아이에게는 숙제만큼이나 중요한 '할 일'입니다.
시간 관리를 익히기 위해서라도
아이가 '하고 싶어 하는 일'도 붙임쪽지에 적어 붙여둡니다.

85

"내일이 기다려져!"라는
상태를 만든다

✏️ 월간 계획표로 앞을 예측

일일 계획표를 활용해 '누가 시키지 않아도 혼자서 할 수 있다!'를
체험했다면 이제 월간 계획표 시트를 끼워 일정 관리 기능을 갖게
해줍니다.

일일 계획표는 1일 또는 더 짧은 시간의 할 일을 파악하기 위한
것이었습니다. 이에 반해 월간 계획표는 장기적인 일정을 바라보
기 위한 것입니다.

지금까지 엄마가 매니저가 되어 모든 것을 관리했던 것을 앞으
로는 아이 자신이 의식하도록 하는 부분에서부터 시작합니다. 자

신이 앞으로 해야 할 일정에 의식을 집중해 사전에 확인하고 파악하는 것이 중요하다는 것을 체험할 수 있도록 해주세요.

월간 계획표에도 여러 가지 유형이 있지만, 일반적인 달력 형태를 추천합니다.

✏️ 일정에 의식을 집중

'이것만 보면 자신이 앞으로 해야 할 일을 전부 알 수 있도록' 일정을 기재합니다.

학교 일정은 빨간색, 학원이나 취미교실 일정은 파란색, 가족이 함께하는 일정은 초록색 등 색깔로 구분해주면 편리합니다(90~91쪽 참조).

수첩의 크기가 A5라고 해도 월간으로 범위가 넓어지면 하루 일정을 적을 칸이 크지 않으므로 여기에 글자를 쓰는 것은 아이 입장에서는 제법 부담이 될 수 있으니 엄마가 대신 적어도 좋겠습니다. 아이는 적혀 있는 일정을 보고 그 일정에 의식을 집중하는 것에서부터 시작하면 됩니다.

수첩은 스스로 작성하는 데 의미가 있다고 생각하는 분이 많습니다. 물론 나중에는 본인 수첩에 자신이 직접 내용을 쓰고 관리해

나가는 것을 목표로 삼고 있습니다. 그런데 하루 10분 수첩은 나중에 본인이 직접 수첩을 작성해 나가기 위한 첫걸음입니다.

글을 써넣는 것이 힘들어서 수첩 따위 쓰고 싶지 않다는 생각을 갖지 않도록 엄마가 대신 써주세요. 학교에서 보내오는 알림장이나 학원 또는 취미교실의 일정표를 보고 일정을 써넣으면서 대화하면 엄마와 아이가 함께 일정을 확인할 수 있으므로 추천합니다. 일정을 쓰는 시간도 엄마와 아이가 서로 소통하는 시간이라고 생각하면서 즐겨 보시기 바랍니다.

붙임쪽지를 활용해 자신의 할 일도 관리

월간 계획표에 정해진 일정을 써넣습니다.

그 밖에도 일정과 더불어 파악해 두고자 하는 내용을 붙임쪽지에 적어 둘 수 있습니다.

예를 들면 일정에 필요한 준비물을 들 수 있겠죠. 운동회나 소풍과 같은 일정과 함께 준비물을 붙임쪽지에 써서 붙여두면 준비하기가 쉽습니다.

학교에서 요구하는 서류나 학교에 내야 할 수납비 같은 것도 붙임쪽지에 적어 마감일 며칠 전에 붙여 두면 잊지 않고 낼 수 있게 됩니다. 도서관에서 빌린 책을 반납하는 것도 마찬가지입니다.

이것만으로도 지금까지 엄마가 손에 들려주는 대로 학교에 가지고 가면 되었던 사항들에 대해서 스스로 의식하여 행동하는 것으로 바뀝니다.

이를테면 미술 시간에 사용할 그림 도구를 챙겨 가거나 학교에 낼 돈을 가지고 가는 일들에 대해 '엄마가 시키니까, 엄마가 챙겨주니까' 하는 수동적인 감각에서 자신이 해야 하는 일로 인식이 바뀌므로 깜빡해서 챙기지 못하는 일이 줄고, 때로는 오히려 아이가 먼저 엄마에게 필요한 것을 준비하도록 요구하는 경우도 있습니다.

이 밖에도 반복적으로 해야 하는 일 등을 붙임쪽지에 써두면 편리합니다.

가령 토요일에 '실내화 빨기'나 월초에 '학원비 내기'와 같은 사항들을 붙임쪽지에 적어 해당 날짜 칸에 붙여두고, 그 일이 끝나면 다음에 돌아오는 날짜에 옮겨 붙여 두는 것이죠. 그러면 매번 써넣는 수고도 덜고 잊어버리지 않을 수 있습니다.

이런 붙임쪽지는 반복해서 사용하므로 필름형 붙임쪽지나 스티커형 붙임쪽지를 이용하는 것이 좋겠지요.

★ 월간 계획표의 활용 예 ★

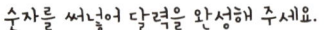

숫자를 써넣어 달력을 완성해 주세요.

6
월
월
화
수
1
6
현충일
7
수영
8
13
조회
14
수영
15
(준비물) 수영복, 모자, 수건, 물안경, 비닐봉지
20
조회
21
수영
22
27
조회
28
수영
29
오전 수업

준비물은 붙임쪽지에 적어두면 준비하기 쉽다.

일정을 적는 것은 엄마가 대신해도 OK

아이에게 익숙하고, 한 달을 전체적으로 쉽게 알아볼 수 있는 달력 형식을 추천!

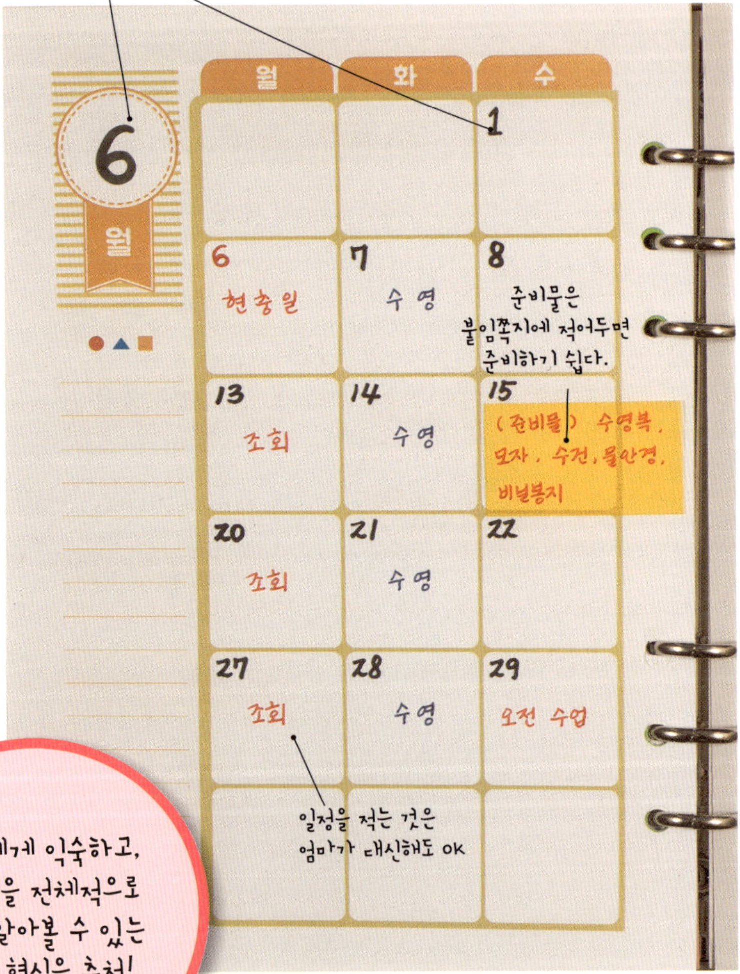

※다운로드 방법은 284쪽을 참조하세요.

정해진 일정은 시트에 직접 기재

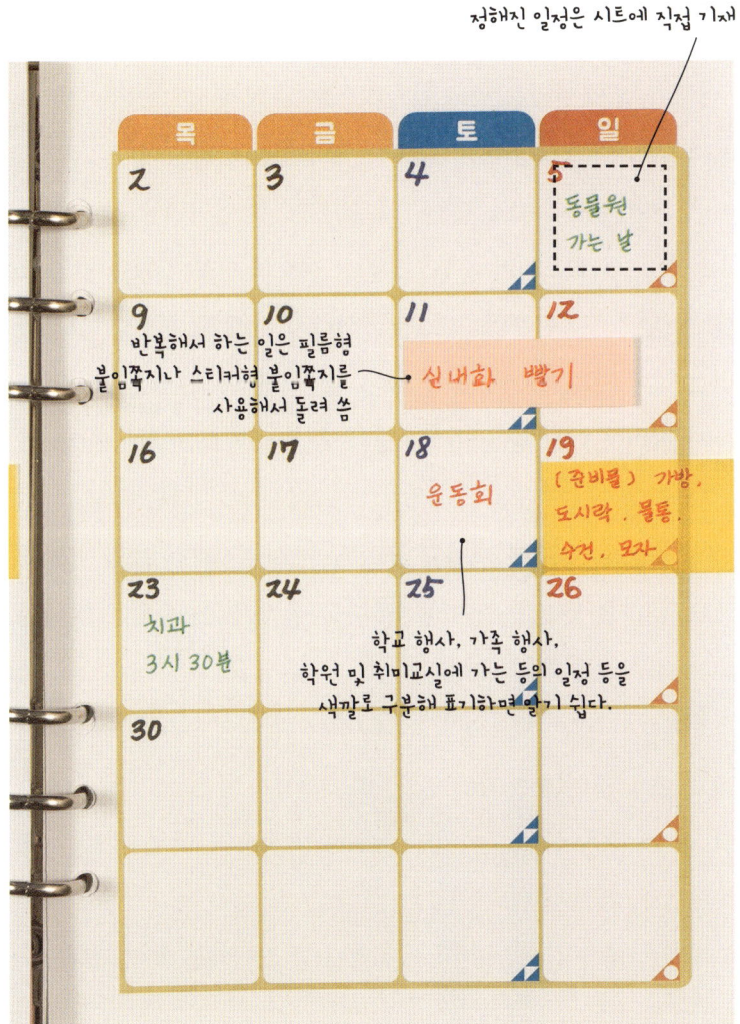

목	금	토	일
2	3	4	5 동물원 가는 날
9	10	11 신내화 빨기	12
16	17	18 운동회	19 (준비물) 가방, 도시락 . 물통. 수건 . 모자
23 치과 3시 30분	24	25	26
30			

반복해서 하는 일은 필름형
붙임쪽지나 스티커형 붙임쪽지를
사용해서 돌려 씀

학교 행사, 가족 행사,
학원 및 취미교실에 가는 등의 일정 등을
색깔로 구분해 표기하면 알기 쉽다.

91

✏️ 아이의 속도에 맞춰 단계 상향

월간 계획표는 많은 사람이 한 번쯤은 써 본 적 있으리라 생각합니다. 너무 어렵게 여기지 말고 감각적으로 써 보세요. 아이가 한눈에 알 수 있게 되어 있기만 하다면 어떤 방법이든 괜찮습니다.

이 부분이 일반적으로 떠올릴 수 있는 수첩 이미지에 가깝다 보니 "빨리 이 단계로 가야 하는데!"라고 생각하는 분이 있습니다. 그런데 이 단계는 3단계입니다. 조급해하지 마세요. 필요한 시기가 되면 그때 추가해도 늦지 않습니다.

특히 미취학 아동 등 어린아이들은 앞을 내다보는 힘이 아직 없습니다. 어제, 오늘, 내일과 같은 날짜 감각을 알게 되는 다섯 살 전후나 글자를 읽는 것에 재미를 붙일 무렵부터 시작해 보면 어떨까 싶네요. 글자를 못 읽는 아이에게 "다음 주 일정은…" 하고 말해봐야 이해가 어려울 테니까요.

초등학생이 되면 친구 생일을 표시하거나 학원 일정을 기재하는 것에 관심을 보이는 아이도 있습니다. 아이가 일정 쓰기를 좋아한다면 2단계에서 소개하는 일일 계획표의 활용과 더불어 3단계를 시작해 보는 것도 좋습니다.

아이의 상태를 살펴 가면서 서두르지 말고 단계를 높여 가세요.

기본적인 수첩 시트
끼워 넣는 법

✏️ 시트 끼우는 순서에 정답은 없다

지금까지 하루 10분 수첩의 여러 가지 기능을 소개했습니다. 일일 계획표나 붙임쪽지 등에 관해서 어느 정도 이해가 되면 "어떤 순서로 끼워 넣는 게 좋을까요?"라는 질문을 많이 합니다.

규칙은 단 하나입니다. '일일 계획표' 옆에 '붙임쪽지 붙임용 시트'를 끼워 넣어 주기만 하면 됩니다. 붙임쪽지의 이동이 쉽도록 이 두 가지 시트만큼은 꼭 좌우 나란히 배치해 주세요.

그 밖의 것들은 정해진 규칙이나 정답은 없으므로 어떤 차례로 어떤 것을 끼우든 상관없습니다.

수첩에 무엇을 넣을지도 아이와 얘기하여 정해 나갑니다. 아이가 "할 게 너무 많아서 싫다!"는 생각을 하지 않도록 엄마의 희망 사항을 강요하지 말고 아이가 펼쳐보고 싶어 하는 수첩, 아이가 소중히 생각하는 수첩이 되도록 꾸며 주는 것이 좋습니다.

말로야 쉽지만, 처음에는 어찌할 바를 몰라 당황하는 분도 많이 계시리라 생각합니다.

여기서는 미취학 아동, 초등학교 저학년, 초등학교 고학년의 세 가지 패턴별로 가장 단순한 시트 배치 방법을 소개하겠습니다.

미취학 아동은 2단계, 초등학생은 3단계까지 도달했다고 가정한 경우의 예입니다.

미취학 아동용 시트 배치 예

수첩에 끼워 넣을 내용물은 7종류로 순서는 다음과 같습니다.

❶ 아이가 좋아하는 것

❷ 일일 계획표(아침에 일어나면)

❸ 붙임쪽지 붙임용 시트(양면)

❹ 일일 계획표(집으로 돌아와서)

❺ 집안일 돕기 목록 또는 정리 정돈 목록

❻ '참 잘했어요!' 시트

❼ '희망 사항' 시트

이상 7종류가 미취학 아동용 수첩에 필요한 구성물입니다. 단, '**❶** 아이가 좋아하는 것'은 많아도 상관없습니다. 색종이, 낙서장을 대신할 수 있는 백지, 스티커, 팸플릿 등 무엇이든 좋습니다.

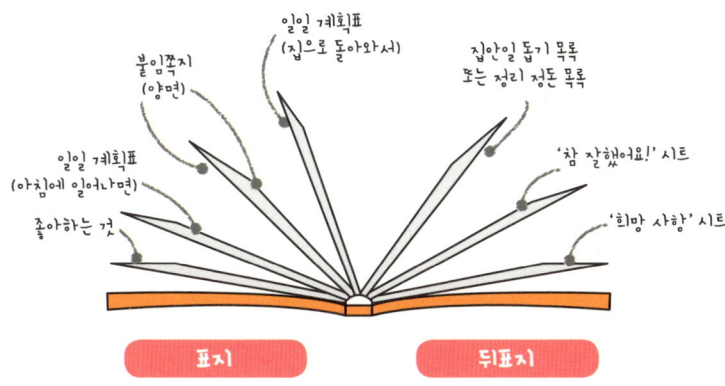

초등학교 저학년용 시트 배치 예

초등학생이 되면 '월간 계획표'를 추가하는 등 다음과 같이 시트를 추가해 보세요.

❶ 월간 계획표(1~2개월분)
❷ 일일 계획표(아침에 일어나면)
❸ 붙임쪽지 붙임용 시트(양면)
❹ 일일 계획표(집으로 돌아와서)
❺ 집안일 돕기 목록
❻ 정리 정돈 목록
❼ '참 잘했어요!' 시트
❽ '희망 사항' 시트
❾ 좋아하는 것

엄마와 아이가 수첩을 보고 대화하면서 일정을 확인할 때 월간 계획표가 맨 앞에 들어가 있으면 사용하기가 매우 편리합니다. 그리고 일일 계획표는 필요한 장수만큼 넣어 주세요.

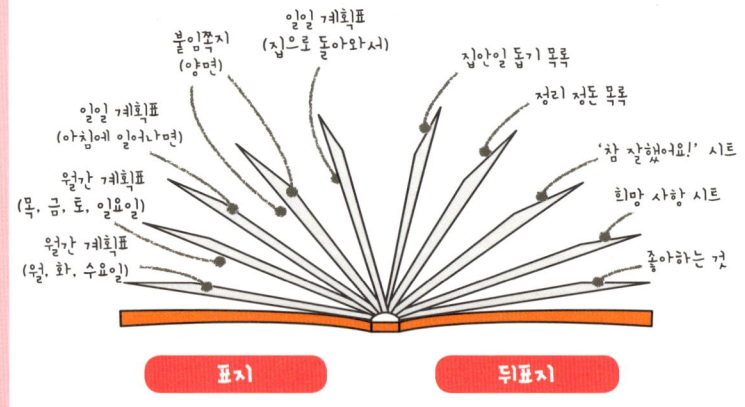

초등학교 고학년용 시트 배치 예

*

초등학교 고학년이 되면 서서히 계획표의 이미지를 이해하게 됩니다.

❶ 월간 계획표(몇 개월분)
❷ 일일 계획표(요일별로 7장)
❸ 붙임쪽지 붙임용 시트(한 장으로 넣었다 뺐다 하면서 사용)
❹ 집안일 돕기 목록
❺ 정리 정돈 목록
❻ '참 잘했어요!' 시트
❼ '희망 사항' 시트
❽ 좋아하는 것

초등학교 고학년이 되면 조금 앞의 일도 의식할 수 있게 됩니다. '친구 생일을 표시해 두고 싶다'와 같은 관심사도 생기므로 월간 계획표를 몇 개월분 준비해 주세요.

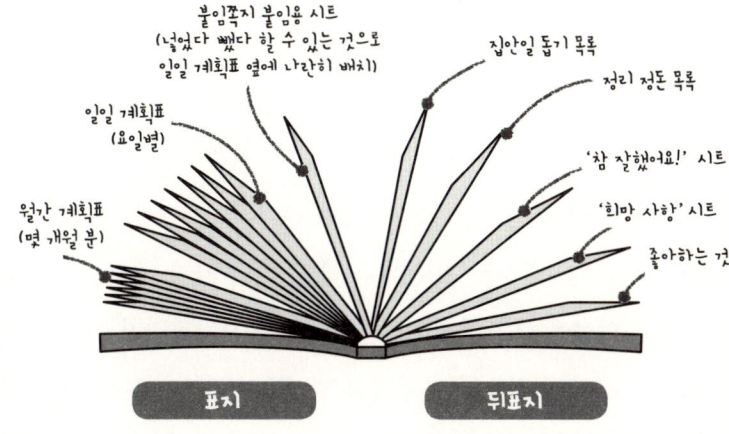

붙임쪽지 붙임용 시트
(넣었다 뺐다 할 수 있는 것으로 일일 계획표 옆에 나란히 배치)

집안일 돕기 목록

정리 정돈 목록

일일 계획표
(요일별)

'참 잘했어요!' 시트

'희망 사항' 시트

월간 계획표
(몇 개월 분)

좋아하는 것

표지

뒤표지

하루 10분 수첩의 주인공은
바로 아이!

✏ 즐겁게 계속 사용하기 위한 포인트

앞서 수첩 습관을 시작하는 세 가지 단계와 수첩 시트를 배치하는 예를 소개해 드렸는데, 아이의 상황을 살피면서 조금씩 단계를 높여 주세요.

거듭 말씀드리지만, 1단계는 절대로 건너뛰어서는 안 됩니다. 이것저것 아이에게 바라는 것도 많을 테고 여러 가지 문제점을 해소하고 싶은 마음은 충분히 이해되지만, 장차 자기관리가 가능한 어른이 되기 위한 첫걸음인 수첩과의 만남은 즐거운 것이어야 계속할 수 있으니까요.

부디 아이가 "우와~, 수첩은 참 재밌어!"라는 마음을 가질 수 있도록 해주시면 좋겠습니다. 그런 마음이 생기면 더욱더 수첩을 잘 활용하고 싶다는 마음이 커지고 의욕도 넘치게 됩니다.

그 후의 활용 방법에 대해서는 4장과 5장에서 자세히 설명하겠습니다.

하루 10분 수첩을 만들어 보기는 했는데 아이가 계속 사용하지 않는다는 분은 꼭 한 번 다시 1단계로 되돌아가 아무것도 없는 바인더에 아이가 좋아하는 것을 끼워 넣는 일에서부터 시작해 보시기 바랍니다.

그래도 잘 안 된다면 또다시 1단계로 되돌아가 새로 시작해 보세요. 언제든 좋아하는 것을 넣었다 뺐다 할 수 있는 것이 시스템 다이어리 바인더의 장점입니다. '바로 지금' 아이가 가장 관심을 두는 것이 가득 들어가 있는 수첩이 그 아이에게는 가장 즐겁고 편리한 수첩입니다.

아이의 관심과 흥미는 시시때때로 바뀝니다. 그에 따라 수첩의 구성물을 바꿔 가면서 즐길 수 있도록 해주시기 바랍니다.

✏️ 속이 타는 것은 어른

지금까지 아이가 혼자서 못하던 일을 수첩을 사용해 스스로 할 수 있게 되었다고 몸소 느끼도록 하는 것이 어린이 수첩의 한 가지 목표입니다. 작은 성공 체험이 쌓여서 자립하고 자기관리 할 수 있는 아이로 성장하는 것을 지향하고 있습니다. 그러므로 아이 수첩이 부모의 지시서나 강요 아이템이 되어서는 안 됩니다.

물론 부모 입장에서 수첩을 사용해 아이의 행동을 어떻게든 해결해야겠다고 하는 마음은 이해됩니다. 아침에 일어나서 자기 할 일은 스스로 척척 해줬으면 좋겠다, 게임을 하기 전에 먼저 숙제를 마쳤으면 좋겠다, 심부름이나 집안일도 잘 도와줬으면 좋겠다, 여러 가지로 생각이 많겠지요.

하지만 어른들의 이런 생각을 일방적으로 수첩에 담아서 "이렇게 해봐라!" 하고 아이에게 던져준다면 잔소리하던 지금까지의 생활과 달라질 게 없습니다. 글자로 나타내서 구체적으로 명령하고 있으니 말로 하는 것보다 한층 더 강한 지시가 되고 말지요.

수첩이 부모의 지시서가 되지 않게 하려면 먼저 아이와 대화하는 것이 중요합니다.

대개 속이 타는 것은 아이가 아니라 부모입니다.

예를 들어 게임만 해서 속 터진다는 고민의 경우 이 문제를 어떻게든 하고 싶은 사람은 부모이지요. 게임에 푹 빠져서 숙제를 뒤로 미루면 자는 시간이 늦어지니 게임은 숙제하고 나서 하는 게 좋다거나 오랜 시간 게임을 하다가는 시력이 나빠지니 한 시간 정도만 하는 게 좋다는 등 게임만 해서 문제라고 생각하는 여러 가지 이유가 있을 테니 그것을 아이에게 잘 설명하여 전달하세요.

게임을 하는 모습을 보고 적당히 하라며 화를 내봐야 아이는 왜 게임을 하면 안 되는지 이유를 모르고 이해를 못 하니 매일 똑같은 행동을 반복하는 것입니다. 아이와 대화할 시간을 가져 왜 게임만 하면 안 되는지에 대해서 찬찬히 말해준다면 아이에게도 그 이유가 전달되기 쉽습니다.

화내고 야단쳐봐야 아이는 모른다

부모의 생각을 전하고 아이가 그것을 이해했다면 다음은 숙제를 마치고 일찍 잠자리에 들려면 게임은 어느 정도만 하는 게 좋은지, 숙제도 해야 하고 텔레비전도 보고 싶고 게임도 하고 싶겠지만 어떤 순서로 하는 것이 좋을지, 구체적으로 얘기하고 함께 생각해야 겠지요.

아이와 대화를 나눌 때 중요한 포인트는 아이에게 질문해서 아이 스스로 생각하게 하고 부모는 아이의 말에 귀를 기울이는 것입니다.

일방적으로 부모의 생각을 전달하는 것이 아니라 아이가 어떻게 생각하는지 끄집어낼 수 있어야 해요.

이를테면 "숙제가 늦어지니까 먼저 숙제를 하고 나서 게임을 하는 게 좋을 것 같은데."라고 말하기보다 "어제 늦게까지 숙제하느라 힘든 것 같던데 어쩌다 그렇게 늦어졌니?" 하고 질문을 해 보세요. 부모가 바라는 대답이 돌아오지는 않겠지만, 아이 스스로 자신의 생활을 되돌아보고 앞으로 어떻게 해야 하는지를 생각하는 기회가 될 테니까요.

집 밖에서 아이와 함께하는 시간

집에서 아이와 대화를 해보려 해도 아이가 집중을 못 해서 부모의 생각이 제대로 전달되지 않고 결국 말다툼으로 끝나는 경우도 있습니다.

그럴 때는 집이 아닌 다른 곳에서 대화의 시간을 가져 보세요. 집 근처에 있는 카페나 패밀리 레스토랑 또는 대화가 가능한 공간이 있는 도서관이나 지역 센터 등을 찾아가 보는 것이죠.

평상시와 다른 환경에서 새로운 기분으로 말하나 보면 집에서는 하지 못했던 얘기가 나오기도 합니다. 적어도 남의 눈이 있으니 부모의 자제심이 작용해 아이에게 큰소리를 낼 확률이 집에서보다는 훨씬 적어지니까요.

그리고 대화하면서 아이 입에서 나온 '지금 자신을 힘들게 하는 점' '해야 할 일' '하고 싶은 일' 등을 메모하거나 붙임쪽지에 적어 수첩의 구성물을 만들어 나갑니다.

조금은 수고스러운 일이니 번거롭다는 생각도 들겠지만, 그래도 귀찮은 만큼 의미가 있는 일입니다. 바쁜 일상에 쫓기다 보면 아이와 제대로 얘기를 나눌 기회가 많지 않죠. 그러니 조금은 번거롭더라도 이런 과정을 통해 아이의 일상, 가족의 일상을 점검해 보는 시간을 갖는 것이 그 후의 생활 개선으로 이어집니다.

조금씩 진행해 나가면 됩니다. 서두르지 말고 천천히 아이와 함께 수첩을 꾸미는 작업을 즐겨 보세요.

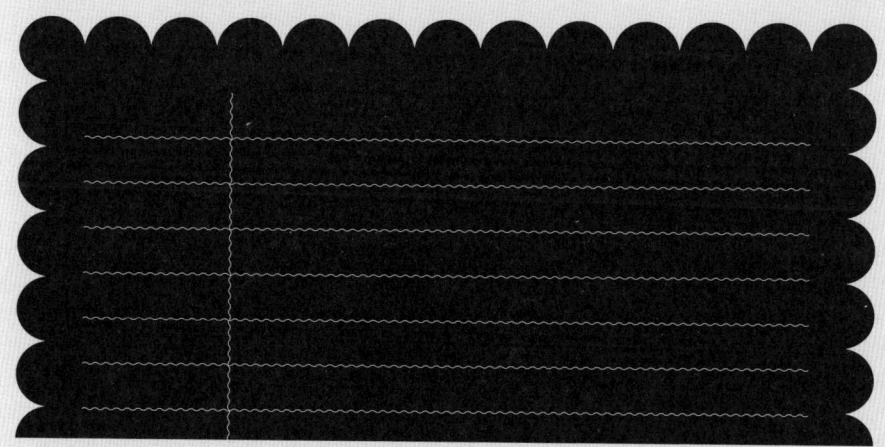

* 3장 *

하루 10분 수첩
사용하는 법

10분 수첩 활용
사이클

✏️ 먼저 기본을 알자

수첩이 완성되었다면 이제 본격적으로 일상생활 속에서 사용해 나가는 일만 남았습니다.

완성된 오리지널 수첩을 어떻게 활용할 것이냐는 수첩 안에 담아 놓은 기능에 따르겠죠.

여기서는 수첩의 기본적인 사용법으로써 매일 생활 속에서 수첩을 사용하는 방법(활용 사이클)을 소개하고자 합니다. 93쪽에서 소개한 단계까지 도달했다면 이 사이클을 의식해 주세요.

이 사이클을 매일 반복하다 보면 엄마와 아이 사이에 오가던 대화의 악순환이 멈추고 아이가 자립심을 갖게 되어 스스로 자기관리가 가능한 어른으로 성장해 가는 첫걸음으로 이어지게 됩니다.

✏️ 수첩과 함께하는 하루 사이클

수첩과 함께하는 생활은 ①확인(저녁), ②계획, ③확인(아침), ④실행, ⑤되돌아보기의 다섯 가지를 매일 반복하는 일이 됩니다.

구체적으로 흐름을 살펴볼까요.

❶ 확인(저녁)

즐거운 하루의 시작은 전날 저녁의 준비에서 출발합니다.

전날 저녁에 수첩을 펼쳐 놓고 월간 계획을 보면서 다음 날의 일정을 확인하는 습관을 들입니다.

이러한 확인을 통해 깜빡 잊고 있었던 일정을 떠올릴 수 있습니다.

❷ 계획

일정을 확인했다면 그 일정을 포함해 내일은 어떤 일을 하는 날인지, 아침에 일어나서 잠자리에 들기 전까지의 행동을 떠올리면서 계획을 세웁니다.

이때 일일 계획표를 사용합니다.

할 일이 하나씩 적혀 있는 '할 일 붙임쪽지'를 바꿔 나열하면서 무엇을 어떤 순서로 할 것인지, 몇 시까지 할 것인지 등을 생각해 일일 계획표에 붙이고 계획합니다. 하루의 할 일에 관한 계획이므로 "내일은 학원에 가는 날이니 숙제를 일찍 끝내야겠다.""단축 수업으로 일찍 끝나니까 친구랑 잠깐 놀다 와야지!"와 같은 생각을 할 수 있습니다.

미취학 아동의 경우 일정이라고 할 만한 게 없더라도 "내일은 유치원에서 돌아오면 엄마랑 공원 산책하러 가기로 했네.""선생님이 내일은 만들기 수업을 한다던데." 하고 내일 무슨 일이 있는지를 분명히 해주세요.

잠자리에 들기 전에 내일 하루의 흐름을 떠올려 보는 것은 시간 감각을 익히는 데도 매우 도움이 됩니다.

더불어 준비물까지 확인해 두면 깜빡 잊고 안 가지고 가는 일이 줄어듭니다.

❸ 확인(아침)

아침에 일어나면 지난밤에 세웠던 계획, 일일 계획표를 다시 확인합니다. 아침에는 나갈 준비로 바빠 어려울 수도 있겠지만, 가능하면 아침에 일어나 수첩을 한번 펴 보는 습관을 들이도록 해주세요.

❹ 실행

이제 남은 일은 일일 계획표에 붙여 놓은 '할 일 붙임쪽지'에 써 넣은 일들을 차례로 실행하기만 하면 됩니다. 계획이 제대로 세워졌다면 순조롭게 하루를 보낼 수 있습니다.

끝낸 '할 일 붙임쪽지'를 일일 계획표에서 떼어내어 바로 옆 '붙임쪽지 붙임용 시트'로 옮겨 붙이면 무엇을 아직 못했는지, 이제 무엇을 해야 하는지, 또 무엇을 끝냈는지 쉽게 알 수 있습니다.

❺ 되돌아보기

계획을 세워 하루를 보냈다고 해도 계획대로 잘 안 되는 경우도 많습니다.

하루의 끝에서 '오늘은 어떤 하루였는지?' 되돌아보고 생각대로 잘 안 되었다면 원인이 무엇인지 생각하여 대책을 세웁니다.

이렇게 해서 하루가 끝납니다.

그러면 이제 다음 날 준비를 해야겠죠. ①확인, ②계획, ……, 똑같은 순서로 매일 반복합니다.

계획을 세운다고 해서 꼭 계획한 대로 생활해야 하는 것은 아님

✱ 수첩 활용 사이클 ✱

수첩 미팅

〔월간 계획표〕
일정을 확인함

〔일일 계획표〕
'참 잘했어요!' 시트

〔일일 계획표〕
아침에 일어나서 잠들기 전까지 할 일을 적은 붙임쪽지를 바꿔 나열하면서 계획을 세운다.

내일 계획은···

'신발 정리' 하기도 한 걸 까먹었었네!

TV 보기는 이쪽

확인(저녁)

되돌아보기   계획

확인(아침)

자 그럼 이제 숙제해야지!   실행

오늘 계획은···

〔일일 계획표〕
계획한 일을 하나하나 실행. 필요한 때는 끼워 넣어 둔 자료 등도 활용한다.

〔일일 계획표〕
잠자리에 들기 전에 세워 놓은 계획을 확인한다.

니다.

하루 10분 수첩 습관에서 중요한 것은 아이 자신이 스스로 일정을 확인하고 하루를 어떻게 보낼 것인지 생각해 본다는 점입니다. 그리고 실제로 생활하면서 '생각처럼 잘 되었다' 또는 '잘 안 되었다'는 경험을 하는 것이 중요합니다.

매일의 생활을 계획하고 하루를 되돌아봄으로써 학원이나 취미 교실에 가기 전에 학교 숙제를 해두면 밤에 게임을 할 시간이 생긴다거나 학교에 가지고 갈 준비물을 아침에야 챙기려면 집을 나서는 시간이 늦어져서 지각할지도 모른다는 것을 스스로 느끼면서 시간을 사용하는 방법을 조금씩 배워 나가게 되는 것입니다.

실패는 성공으로 가는 첫걸음입니다. 평범한 일상을 수첩과 함께하면서 많은 경험을 쌓아가길 바랍니다.

매일 하고 싶은
수첩 미팅

✏️ '수첩 미팅'이 포인트

'수첩 활용 사이클'에서 소개한 내용 중 매우 중요한 것이 ⑤오늘 되돌아보기→ ①내일 일정 확인→ ②내일 하루 계획입니다.

저녁에 시간을 내어 아이와 함께 수첩을 보면서 하루를 되돌아보고, 계획하고, 대화한다는 점에서 '수첩 미팅'이라고 부릅니다.

매일 하는 수첩 미팅이 엄마와 아이 사이의 악순환 고리를 끊고 아이가 자립하고 자기관리가 가능한 어른으로 성장하는 길을 열어주는 밑거름이 되리라 생각합니다.

'수첩 습관'의 성공 열쇠는 '수첩 미팅'에 있습니다.

✏ 계획을 의식하면서 생활한다

수첩과 함께하는 생활을 통해 자신이 할 일을 계획하고 실행하여 성공이나 실패를 경험합니다. 이런 경험을 반복함으로써 계획하는 힘, 실행하는 힘을 키우는 것이죠. 이 경험은 아무 생각 없이 대충 대충 적당히 생활하다가는 느낄 수 없습니다.

예를 들어 텔레비전을 보고 나서 숙제를 하려고 했는데 결국 못 하고 마는 일은 초등학생에게서 흔히 있는 일입니다. 수첩 습관이 없다면 다음 날도 "오늘은 텔레비전 보고 나서 꼭 숙제해야지!"라고 마음먹지만, 결국 또다시 못하고, 그다음 날도 역시 마찬가지가 됩니다. 엄마는 "맨날 한다고 말만 했지 어제도 그제도 결국 안 했잖아! 얼른 안 할래!!" 하고 야단치고, 아이는 "지금 막 시작하려고 했는데…!"라면서도 야단맞아 더욱 의욕을 잃는 악순환을 반복하게 됩니다.

한편 수첩 습관이 밴 아이는 '수첩 미팅'을 통해 못 한 원인을 되돌아볼 수 있습니다. "텔레비전 보고 나서 왜 숙제를 못 했을까?" "내일은 어떻게 하면 숙제를 할 수 있을까?"하고 생각하는 기회를 가지는 것이죠.

그러면 아이는 시간이 너무 늦어서 숙제하기가 싫었다거나 양이 많아서 못했다는 등 여러 가지 이유를 대겠지요. 사실 특별한 이유 따위 없는 경우가 많겠지만, 어쨌든 아이 스스로 자신의 행동을 되돌아보면서 나름대로 생각이라는 걸 하게 됩니다.

게다가 "앞으로 어떻게 하면 좋을까?" 하고 개선 방법을 생각하면서 실패를 반복하지 않으려는 의식이 생겨납니다.

이렇게 아이는 매일의 생활 속에서 계획과 반성의 반복을 통해 조금씩 경험을 쌓아가면서 시간 관리, 자기 관리를 배워 나갑니다.

시간 관리는 좀처럼 제대로 배울 기회가 없습니다. 어른이 되면 누구나 해야 하는 일이지만, 어렸을 적에 가르쳐 주는 곳은 거의 없는 것이 현실입니다.

배울 기회가 없다면 가정에서 가르치는 수밖에 없지요.

그렇다고 "시간 관리는 이렇게 하는 거야."라고 말로 설명하기는 어렵습니다. 또 논리적으로 설명한다고 해도 아이에게는 통하지 않습니다.

그러므로 어렸을 적부터 아이 수첩을 매일 활용하여 일상생활 속에서 경험과 더불어 자연스럽게 배워 나가는 것이 자기 관리를 할 수 있는 어른으로 성장하는 지름길입니다.

✏️ 부모와 아이의 대화가 부드러워진다

수첩 미팅은 아이가 자신의 생활에 의식을 집중하는 데도 매우 중요한 시간입니다. 매일 5분이라도 좋으니 꼭 계속할 수 있도록 해 주세요.

"월간 계획표를 보고 준비물을 확인해서……"라는 식으로 너무 어렵게 생각하지 않아도 괜찮습니다. ⑤되돌아보기→①확인→② 계획 순서대로 '수첩을 보면서 아이와 대화합니다.' 단순히 그것뿐입니다. 수첩 미팅은 그저 소통의 시간입니다.

아무 것도 없는 상태에서는 "오늘 학교에서는 어땠니?" "내일은 뭐 특별한 거라도 있어?" 하고 물어봐야 "몰라~"라든가 "글쎄~" 하는 쌀쌀맞은 반응이 돌아올 수도 있습니다.

하지만 수첩을 놓고 대화하다 보면 "게임을 하고 나서 숙제했는데 피곤해서 숙제하기 좀 힘들었어."와 같은 말이 나올 수도 있고, "내일 급식 메뉴 카레라이스래!"라는 즐거운 얘깃거리가 나올 수도 있습니다. 또 수첩을 본 엄마의 입에서도 "오늘은 현관의 신발 정리를 했네. 고맙구나!"와 같은 감사의 말이나 "오늘도 일찍 숙제를 마쳤네. 잘했어!" 하고 자연스럽게 칭찬의 말이 나오겠지요.

수첩 미팅을 통해 하루를 되돌아보고 계획을 세우다 보면 엄마와 아이의 대화가 늘고, 잔소리하기도 전에 아이가 스스로 깨달으니 대화 자체가 부드러워집니다.

또 함께 일정을 확인하면 아이의 일정뿐 아니라 가족 전체의 일정도 확인할 수 있어서 좋습니다.

이를테면 "내일은 엄마가 아르바이트하러 나가서 3시쯤에 집에 돌아올 거야."라고 아이의 일정이 아닌 엄마의 일정을 알려둘 수가 있지요. 그러면 "그럼 나는 집에 와서 먼저 간식 먹고 엄마가 집에 오면 한자 숙제 물어봐야지."라든가 "학교에 갈 때 집 열쇠 가지고 가야겠네." 하고 아이가 스스로 자신이 할 일을 생각하게 됩니다.

✏️ 미처 몰랐던 아이의 새로운 면을 알게 된다

일정 확인이야 글자를 읽을 수 있는 아이라면 혼자서도 얼마든지 할 수 있습니다. 수첩을 펼쳐 보면 되니까요. 그런데 중요한 것은 수첩 미팅을 통해 부모와 아이가 서로 대화하고 소통하는 것입니다. 이런 소통의 시간이 아이의 새로운 면을 알게 되는 계기가 되기도 하죠.

우리 집에서도 딸아이들과 함께 매일 수첩 미팅을 합니다. 집안일 도와줘서 고맙다는 말도 하고 학교 급식 메뉴 얘기도 하고 그날그날 얘깃거리가 다양하죠.

수첩을 보면서 얘기를 나누다 보면 "아~ 참, 그러고 보니 내일

○○ 가지고 가야 하네!" 하고 깜빡 잊었던 것이 생각나기도 해서 무심코 까먹는 일이 조금씩 줄고 있습니다.

아이 수첩을 사용하기 전에는 할 일이 있다는 것을 까맣게 잊고 친구랑 놀자는 약속을 하고 오는 적도 있었지만, 지금은 수첩 미팅 덕분에 그런 일도 많이 사라졌어요.

두 딸아이의 성격 차이도 수첩 미팅을 통해 새삼 알게 되었습니다.

어느 날 수첩 미팅을 할 때였지요. 다음 날 학교가 오전 수업이라 일찍 끝나는데 집으로 돌아와도 특별히 아무런 일정이 없었어요. 그랬더니 큰 딸아이는 "좋았어! 내일은 집에 오자마자 얼른 숙제를 해치워야지!"라고 하더군요. '할 일을 처리하고 나서 그 후에 자기가 하고 싶은 일을 실컷 하겠다!'는 것이었죠. 큰 아이는 숙제를 해놓지 않으면 좋아하는 책을 읽어도 숙제가 신경이 쓰여서 책이 재밌지가 않다고 하더라고요.

한편 둘째 아이는 "그럼 내일은 집에 와서 좀 놀다가 간식을 먹고 저녁을 먹기 전에 숙제해야겠어." 하고 계획을 세우더군요. '하고 싶은 일이 있을 때는 숙제해도 집중할 수 없으니 먼저 실컷 놀고 나서 하겠다!'는 것이 둘째 아이 스타일입니다.

본인들 스스로 생각해서 계획을 세웠더니 다음 날 큰 아이는 자기 계획대로 숙제를 얼른 해치우고 책 읽기에 빠져들었고, 둘째는 실컷 놀고 나서 "이제 숙제해야지!" 하고 책상 앞에 앉더군요.

계획을 세워서 해본다, 계획대로 잘 될 때고 있고 잘 안 될 때도 있다, 이것을 여러 차례 반복하다 보니 아이들 스스로 자신이 하고 싶은 일과 해야 하는 일의 균형, 순서 등 자신에게 맞는 방법을 찾은 게 아닐까 생각합니다.

그런데 아이가 썩 내켜 하지 않을 때는 수첩 미팅을 30초 만에 끝낼 수도 있습니다.

오늘은 아이의 기분이 별로인 것 같다거나 학교 갔다 온 후 기운이 없어 보인다는 것도 매일같이 수첩 미팅을 하면 알 수 있습니다.

어른도 아이도 물론 매일 바쁘지만, 그러기에 오히려 하루 5분만 시간을 내 수첩을 보면서 대화하는 시간을 즐길 필요가 있습니다.

지금까지 "아무리 말해도 준비물을 깜빡 잊고 안 챙기는 일이 고쳐지지 않는다." "뭔 생각을 하는지 모르겠다."와 같은 고민을 하는 분도 '수첩 미팅'을 하다 보면 지금까지와는 다른 각도에서 아이의 행동을 바라보게 되고 서로 이야기를 나눔으로써 아이의 생각을 알 수 있게 됩니다.

✏️ 수첩 미팅의 타이밍

수첩 미팅은 오늘 하루를 되돌아보고 내일은 어떻게 보낼 것인지 계획하는 것이므로 아이가 일과를 마치고 집에 돌아온 후부터 잠자리에 들기 전까지가 타이밍으로는 적합합니다. 하지만 엄마가 일을 다니거나 어린 동생이 있거나 큰 아이들을 학원이나 취미교실에 데려다주고 데려오고 해야 하는 등 여러 가지 사정이 있어서 시간을 확보하기 어려운 경우도 많겠지요.

그런 가운데서도 계속하는 비결은 지금 현재의 생활에서 매일 반드시 하는 일과 세트로 묶는 것입니다.

예를 들어 매일 아이와 함께 저녁 식사를 한다면 식사 바로 전이나 직후, 또 함께 목욕한다면 욕실에 들어가기 전이나 후, 함께 잠자리에 든다면 바로 직전 등, 매일 당연히 하는 일에 5분만 '수첩 미팅' 시간을 추가해 보세요.

그래도 서로 마주 보고 대화할 짬이 없다면 설거지를 하는 사이에라도 아이에게 말을 걸어 집안일을 하면서 아이와의 대화를 즐기는 방법도 좋습니다.

빨랫감 갤 때, 다림질 할 때, 쌀 씻을 때 등 가능한 타이밍을 찾아보세요.

도저히 매일 수첩 미팅을 하는 것이 어렵다면 일단 일주일에 한 번이라도 좋으니 수첩을 보면서 아이와 대화하는 시간을 꼭 가져 보시기 바랍니다.

화장실을 사용하면 손을 씻고, 밥을 먹은 후에는 양치질하는 것과 마찬가지로 '잠들기 전에 반드시 내일의 일정을 확인하는' 것을 초등학생 때부터 습관화할 수 있다면 자기 관리를 잘하는 아이로 성장하는 커다란 첫걸음이 됩니다.

신호는
"수첩을 보렴!"

매일 함께하는 수첩이 엄마와 아이 사이 악순환 고리를 끊고, 아이를 자기 관리 할 줄 아는 어른의 길로 이끌어주는 이미지가 떠오르나요?

여기서 다시 한 번 중요한 점을 강조하고자 합니다.

✏️ 수첩 습관의 신호는 "수첩을 보렴!"입니다

지금까지 엄마가 다그치며 지시, 지도했던 일을 앞으로는 수첩에 적어 놓고 아이 자신이 보고 알 수 있도록 합니다. 엄마 대신 수첩이 지시와 지도하는 역할을 하는 것이죠.

수첩을 만들면 엄마는 아이가 수첩을 펴서 보도록 유도하면 됩니다. 수첩에 할 일을 전부 적어 놓았다고 해서 당장 모든 일을 할 수 있는 것은 아닙니다.

"그건 다 했니?" "저것 좀 해라!"라는 식으로 말하면 수첩이 없는 생활과 마찬가지가 되고 맙니다.

그렇게 되지 않으려면 아이가 스스로 알 수 있게 수첩을 열어 보도록 이끌어야 합니다. 제 할 일을 하지 않는 아이를 보고 "얼른 안 할래?"라고 다그치기보다 수첩을 펴 보도록 다독이면 되는 거죠. 이때 필요한 신호가 바로 "수첩을 보렴!"입니다.

가령 학교에서 보내오는 알림장을 가방에 처박아 놓고 엄마가 말하기 전에는 절대 꺼내지 않는 아이에게 "알림장 꺼내야지. 놀러 나가기 전에!!" 하고 다그쳐야만 하는 것이 수첩 습관이 없는 생활입니다.

반면에 '알림장 꺼내놓기' '간식 먹기' 등등 집에 돌아온 후에 할 일을 하나하나 적어 놓은 일일 계획표를 수첩에 끼워 넣고 "수첩을 보렴!"이라는 이 한마디만 하면 되는 것이 수첩 습관이 있는 생활입니다.

✏️ '혼자서도 할 수 있다!'가 되게 한다

아이가 스스로 수첩을 보고 알림장을 알아서 먼저 꺼내놓으면 '스스로 했다!'고 하는 자발적 행동이 됩니다.

실제로는 엄마가 수첩을 열어 보도록 유도했더라도 자신이 수첩을 보고 알아서 한 일이므로 '스스로 해냈다'는 느낌이 크지요.

게다가 아이는 엄마가 자꾸만 시키면 "지금 하려고 했는데…" "알았다니까!"라며 반발심을 보일 수도 있습니다.

그러니 자꾸만 말하니까 오히려 더 하고 싶은 마음이 안 생긴다고 하는 상황이 되지 않도록 엄마는 그저 수첩을 열어 보도록 다독이고 나머지 일은 아이가 스스로 할 수 있도록 조금 기다려주는 것이 좋습니다.

반복이 중요하다

✏️ 고민에 따른 수첩 활용법을 찾자

다음 4장에서는 흔히 볼 수 있는 고민의 대처법으로써 수첩 활용 예를 소개하겠습니다.

아이에 대한 고민은 끊임이 없습니다. 그리고 그 고민에 대한 해결법은 하나가 아닙니다.

여러 가지 많은 사례를 토대로 소개하는 수첩 활용법을 참고하여 "우리 아이에게 적용해 볼까!" 하고 결심하는 계기가 되었으면 합니다.

수첩 습관은 아이들이 즐겁게 계속 할 수 있도록 내용을 매우 단순하게 해서 매일 같은 행동을 반복함으로써 자기 관리를 익혀 갈 수 있도록 해야 합니다.

소개하는 활용 예는 수첩 습관의 중심인 '일일 계획표'의 활용이 주를 이룹니다. 만드는 방법은 2장을 참고해 주세요.

✏️ 어린이 수첩 활용에 특별한 규칙은 없습니다

너무 어렵게 생각하지 말고 '아이와 얘기하면서 수첩을 꾸미며 매일 같은 일을 반복, 지속하게 하면 됩니다.

★ 4장 ★

육아 스트레스가 싹!
사례별
10분 수첩 활용 팁

준비가 느려서
매일 아침 허둥지둥!

초등학교 1학년 A 군 사례

아침에 잠에서 깰 때는 기분 좋게 잘 일어나는데 멍하니 TV를 보거나 옷을 갈아입
다가도 장난감을 만지작거리며 노느라 등교 준비가 좀처럼 진행되지 않습니다.
"그렇게 꾸물대다가는 지각할 텐데." "얼른 옷 갈아입어야지."라고 말해도 안 들리
는지 도대체 소용이 없네요. 결국은 허둥지둥 쫓기다시피 집을 나섭니다.

바쁜 아침 느릿느릿 꾸물대는 아이.
결국엔 나갈 시간이 다 되어서야 "앗, 손수건을 깜빡했네!" "양

말 어디 있어?" 하며 우왕좌왕하다 겨우 준비를 마치고 집을 나섭니다.

매일 반복되는 이런 상황에 아침부터 몇 번이나 "빨리! 빨리!" 하고 외치고 싶어지죠.

그런데 어른의 경우도 사람마다 각각 속도가 다릅니다. 그저 "빨리해라! 서둘러라!" 하고 재촉해도 성격이 느긋하다면 그런 부분은 쉬이 바뀌지 않습니다.

"매일 똑같이 하면 되는 일인데도 왜 못하니?"라고 어른은 생각하겠죠. 하지만 아침에 일어나서 나갈 준비를 하는 것이 생활습관으로써 아직 몸에 배지 않은 아이들은 "빨리!" 하고 외쳐 봐도 뭘 빨리해야 하는지 모릅니다.

수첩을 활용하면 아이의 속도에 맞춰 정해진 시간 내에 준비가 척척 이루어지므로 허둥대지 않고 집을 나설 수 있게 됩니다.

고민, 걱정

- 무엇을 해야 하는지 몰라서 못 한다.
- 해야 할 일보다 다른 일에 신경이 팔려 등교 준비가 제대로 안 된다.

- '아침에 일어나면' 전용 일일 계획표
  (준비물 기재 칸 있음)

- 자기 할 일을 하나씩 확인하면서 순서대로 실행한다.

- 딴 데 정신이 팔렸다가도 수첩을 보면 스스로 할 일을 떠올려 준비할 수 있도록 한다.

정해진 시간 내에 할 일을 확실하게 할 수 있게 된다.

✏ 아침 시간대를 위한 일일 계획표 만들기

아침에 일어나서 집에서 나가기 전까지 해야 하는 일을 붙임쪽지에 적습니다.

특히 미취학 아동의 경우는 '일어나기' '화장실 다녀오기' '잠옷 벗기' '옷 갈아입기'와 같이 세세하게 붙임쪽지에 써나갑니다.

아이가 자기 할 일을 스스로 생각할 수 있도록 질문해 보세요. "아침에 눈 뜨면 뭘 하지?" 하고 물어보고 아이가 대답한 내용을 붙임쪽지에 적습니다.

번거롭다고 엄마 마음대로 써넣어서는 절대 안 됩니다. 아이에게 생각할 시간을 줘서 아이가 대답한 내용이 아니면 엄마의 일방적인 강요가 되고 마니까요.

아이가 학교에 가지고 갈 준비물을 모르겠다고 하거나 못 챙기는 경우에도 마찬가지로 준비물을 일일이 붙임쪽지에 적습니다.

이제 서서히 시간 감각을 의식해야 하는 초등학교 저학년 아이에게는 시간을 기재할 수 있는 B형 일일 계획표(83쪽 참조)를 준비하여 몇 시 몇 분에 무엇을 해야 하는지 알 수 있도록 해주세요.

다만 7시에 일어나서 7시 10분에 옷을 갈아입고 7시 15분에 밥을 먹는다는 식으로 계획을 짜고 그 계획대로 행동하는 것은 어른에게도 쉽지 않은 일입니다.

예를 들면 7시 30분까지 옷 갈아입기와 밥 먹기, 7시 45분까지 세수하기, 이 닦기, 머리 묶기라는 식으로 체크 포인트가 되는 시간을 설정하는 것을 추천합니다.

붙임쪽지에 적어 확인하면서 차례로 붙이는 작업을 하는 것만으로도 다음 날부터 아침 풍경이 조금씩 달라집니다. 지금까지 그냥 해왔던, 시키니까 시키는 대로 했던 일을 이제 아이가 스스로 생각해서 실행하는 것이므로 의식이 크게 달라집니다.

✏️ 붙임쪽지를 보면서 차례로 실행하면 끝!

준비 단계에서 의식이 바뀌었다면 다음은 확실하게 실행할 수 있도록 만들어 놓은 일일 계획표를 활용합니다.

아침 등교(등원) 준비는 일일 계획표를 보고 차례로 실행하여 끝낸 일 붙임쪽지를 '붙임쪽지 붙임용 시트'로 옮겨 붙이면 어디까지 끝났는지 한눈에 확인할 수 있습니다.

✏️ 말로 하지 않고 수첩을 보게 한다

할 일을 전부 볼 수 있게끔 가시화 작업을 했더라도 아이가 수첩 자체를 보지 않는다면 아무 소용없겠죠.

"모처럼 수첩도 만들었는데 전혀 달라진 게 없네!" "왜 그것도 못 해?" 하고 잔소리가 나올 것 같을 때는 수첩 습관의 신호를 떠올려 주세요.

"수첩을 보렴!" 하고 부드럽게 수첩을 펴 볼 수 있도록 다독이는 겁니다.

지금까지는 "빨리빨리!" 하고 재촉하거나 "옷 갈아입어." 하고 할 일을 지시했었지만, 앞으로는 수첩을 펴서 보게끔 하면 됩니다.

아이가 할 일이 전부 수첩에 들어 있으니 아이 자신이 그것을 깨닫고 실행해주기를 기다려주세요.

시간이 촉박해서 서둘러야 할 때는 "지금 7시 30분이야." 하고 시간을 알려 주고, 그다음은 "수첩을 보렴!" 하고 말해주기만 하면 됩니다. "이거 해라, 저거 해라"라는 말을 할 필요가 없습니다.

지금 당장 바뀌지는 않을 수도 있습니다. 하지만 매일 수첩을 보게 하고, 아이가 수첩을 보고 스스로 할 일 하기를 반복하다 보면 습관으로 자리 잡아 잘해낼 수 있게 됩니다.

뭘 하면 좋을지 몰라 멍하니 시간을 보냈던 아이는 자신이 뭘 해야 하는지 알기만 하면 척척 움직이는 아이가 됩니다.

그래도 어쨌거나 아이이므로 하고 싶지 않은 날도 있을 테고, 수첩을 아예 보지 않는 날도, 해야 할 일을 못 하는 날도 있겠지요.

그럴 때는 함께 수첩을 보면서 "여기까지 했구나, 잘했어! 다음은 이거 하면 되겠네." 하고 할 일을 적은 붙임쪽지를 함께 확인해 주세요. 엄마가 "빨리빨리!" 하고 재촉하는 것보다 지켜보면서 기다려 주는 것이 뜻밖에 큰 효과를 발휘합니다.

"오늘은 혼자 옷 갈아입었네." "어제보다 일찍 양치질을 마쳤네." 등등 엄마가 자신이 스스로 하는 모습을 지켜보고 있다는 것이 아이에게 전해지면 더욱 의욕이 샘솟습니다.

시계를 볼 줄 모르는 아이는 엄마의 도움이 조금 더 필요합니다.

아직은 스스로 할 수 있는 일도 적고 무얼 하든 시간이 걸리겠지요. 아침에 일어나서 준비하고 나가기까지 얼마나 걸리는지 아이의 행동을 살펴보고 기상 시간을 생각해서 필요한 시간을 확보해 주세요.

수첩에 적어놓았다고 해서 밥을 먹는 데 20분 걸리는 아이가 10분 만에 먹을 수 있게 되지는 않습니다. 아침 식사 시간을 20분 확보할 수 있도록 10분 일찍 일어나게 하거나 준비물 챙기기를 아침에 하지 않아도 되도록 전날에 해두거나 하는 식으로 아침 준비 시간을 10분 늘릴 수 있도록 조정해 주세요.

또 시계를 아직 볼 줄 모르는 아이는 시간 감각이 충분한 상태가 아니므로 "지금 8시야."라고 시간을 가르쳐주어도 별 효과가 없습니다.

시간은 엄마가 조정하면서 서두를 필요가 있다면 "자 누가 먼저 옷 갈아입나 엄마랑 내기해 볼까?"라는 식으로 아이의 속도를 높일 방법을 궁리해 보세요.

엄마와 아이가 함께 수첩에 붙여 놓은 할 일 붙임쪽지를 보면서 차례로 실행하는 것을 매일 반복하다 보면 분명 아침 준비를 혼자 할 수 있는 아이가 되니까요.

After A 군은 수첩을 이렇게 사용했다!

일일 계획표 B형을 사용해서 할 일과 시간을 정한다

할 일을 다 안 해놓고 중간중간 딴짓을 하거나 TV를 보거나 해서 할 일 하나하나에 시간을 적었습니다. 처음에는 시계를 볼 줄 몰라서 시계를 보면서 "긴 바늘이 2를 가리키네."라는 식으로 알려 주었지요.

그리고 아이 자신이 일일 계획표에 그려 놓은 시계 그림에서 같은 시간을 찾아 할 일을 확인해 하도록 하는 것을 반복했습니다. 아이가 놀고 있는 모습을 보면 "긴 바늘이 7을 가리키네. 40분 다 됐어." 하고 시간을 말해준 후에는 아이가 일일 계획표를 보고 스스로 실행하기를 기다립니다.

처음에는 생각처럼 쉽게 되지가 않더라고요. 아이가 수첩을 펴 보려 하지 않아서 책상 위에 수첩을 펴 놓고 바로 볼 수 있도록 했어요.

그렇게 반복하는 사이에 점점 붙임쪽지를 옮겨 붙이는 것에 재미가 붙었는지 차례대로 전부 할 수 있게 되더군요. 매일 시곗바늘을 가리키며 시간을 말해주고 수첩을 보고 할 일을 하는 것을 반복하다 보니 저절로 시계도 볼 줄 알게 되었어요.

30분까지 식사를 마치지 못할 때면 본인 자신이 "앗, 큰일이다! 이러다 늦겠네."라고 말하기도 하고 "아직 25분이니까 오늘은 좀 여유가 있네."와 같은 말도 하는 걸 보고 시간 감각이 몸에 배었구나 하는 생각이 들었습니다.

POINT
할 일과 시간을 '가시화'하여 아이가 자신의 눈으로 직접 확인할 수 있도록 한다.

초등학교 3학년 B 양 사례

Before

집에서 나갈 시간이 다 되어서야 서둘러 챙기다 보니 툭하면 준비물을 잊곤 합니다.

수첩을 이렇게 사용했다!

일일 계획표 B형을 사용해 할 일을 한눈에 알아볼 수 있는 상태로

After

할 일을 모두 붙임쪽지에 적어 보더니 "아침에 할 일이 많아서 시간이 부족한 것 같아." 하고 본인이 말하더군요. 그렇다고 해서 지금보다 일찍 일어나는 것은 싫다고 하고 할 일을 지금까지 이상으로 서둘러 하지는 못한다는 사실을 스스로 깨닫더군요.

그래서 전날 저녁에 미리 해둘 만한 일은 없을까 생각하다가 아침에 하던 '수업시간표에 맞춰 책가방 싸기'를 해놓고 자기로 했습

니다.

　아침에 할 일이 줄자 아침 시간이 여유로워 허둥지둥 집을 나서지 않아도 되게 되었지요.

　원래 태평한 성격이라 아무리 서두르라고 다그치고 빨리하라고 야단쳐도 별 효과가 없었는데, 아침에 할 일을 줄이니 문제가 해결되었습니다. 또 전날 밤에 미리 책가방을 싸니 준비물을 깜빡하는 일도 줄었어요.

이제 아침 등교 준비는 굳이 붙임쪽지를 보지 않아도 몸에 밴 상태라 일일 계획표를 보면서 하는 일은 없습니다. 하지만 일일 계획표를 만들고 아침 시간대에 자신이 할 수 있는 일의 양을 아이 스스로 파악하게 되었으니 수첩을 활용하기 잘했다는 생각이 듭니다.

무슨 일에서든
소극적이고 자신감이 없다

Before

초등학교 2학년 C 양 사례

소풍이나 학교에서 열리는 행사를 좋아는 하는데 막상 가기 전까지 불안감에 안절부절못하는 모습을 보입니다. 소풍이 며칠 앞으로 다가오면 그때부터 "소풍 가고 싶지 않아."라는 말을 입에 달고 지내요.

모처럼 학교 행사이니 즐거운 마음으로 다녀오면 좋을 텐데…… 싶은 마음에 걱정이 앞섭니다.

불안할 수도 있겠지 싶으면서도 아이가 실패를 두려워하지 않고 여러 가지에 도전하고 적극적이길 기대하는 것은 모든 부모의 바람이겠죠.

남들 눈에는 아무것도 아닌 일에도 불안감을 느끼거나 소극적이되는 것은 어느 정도 성격탓도 있습니다.

못하는 것에 초점을 맞춰 불안해하기보다 잘하는 것에 눈을 돌리도록 다독이며 "잘할 수 있어!" 하고 자신감을 심어주고 싶을 거예요.

일상생활에서 작은 성공체험을 통해 아이가 조금씩 자신감을 가질 수 있도록 수첩을 활용해 보세요.

포인트는 '이렇게나 많은 일을 스스로 다 해냈다."고 하는 것을 수첩 미팅을 하면서 아이와 엄마가 함께 확인하는 겁니다. 그러면 자연스럽게 엄마는 아이를 칭찬하게 되고 아이는 칭찬에 힘입어 자신감을 가질 수 있게 됩니다.

고민, 걱정

- 막연한 불안감 때문에 행동을 망설인다.
  - 자신이 없는 일은 하기 싫어한다.

✏ 할 수 있다는 것을 눈에 보이게 한다

아이가 '이렇게나 할 수 있는 게 많다'는 것을 실감할 수 있도록 일일 계획표를 활용합니다.

평범한 일상의 하루를 골라 일어나기, 옷 갈아입기, 세수하기 등등 아이의 평소 생활을 전부 붙임쪽지에 적어 보세요. 아침에 일어나서 저녁에 자기 전까지 종일 일과도 좋고, 아침 시간대와 학교에서 돌아온 후 저녁 시간대로 나눠 작성해도 상관없습니다.

아이가 평소 자신이 무얼 하는지 확인할 수 있도록 질문해 봅니다. 이를테면 "주산 학원에 가는 화요일에는 학교에서 돌아오면 뭘 하니?" 하고 물어보는 거죠.

아이가 "간식을 먹고 나서 숙제를 마치고 주산 학원에 가요."라고 대답했다면 '간식 먹기' '숙제하기'와 같은 내용을 붙임쪽지에 써넣습니다.

'준비하기' 등과 같이 표현이 막연해서 좀 더 구체적으로 표시하지 않으면 이해하기 어려울 것 같은 경우에는 "준비할 때는 뭘 하니?" 하고 다시 물어서 구체적인 준비물과 어떤 준비를 하는지 상세하게 붙임쪽지에 적습니다.

이제 적어 놓은 '할 일 붙임쪽지'를 차례로 일일 계획표에 붙이면 됩니다. 이것으로 아이의 일과를 구체적으로 정리한 일일 계획표가 완성됩니다.

이처럼 일일 계획표를 만들어 봄으로써 아이도 자신이 얼마나 많은 일을 스스로 해내고 있는지 알 수 있습니다.

✏️ '참 잘했어요!' 시트를 사용해 성과를 눈에 보이는 형태로!

완성한 일일 계획표를 하루 사이클(111쪽 참조)에 따라 활용합니다.

142

소극적인 아이는 특히 수첩 미팅을 통해 지난 시간을 되돌아보는 것이 중요합니다.

"오늘도 많은 일을 했네." "집안일도 도와주고 고마워!"와 같은 칭찬과 더불어 하루 동안 아이가 해낸 일에 대해서 함께 얘기 나누는 시간을 가져 보세요.

아이에게 자신감을 심어주려면 아이가 해낸 일에 눈을 돌려 관심을 보여줘야 합니다. 어른은 못한 일에 더 눈이 돌아가기 쉽지만, 부디 아이가 '해낸 일'에 주목해 주세요.

숙제나 학원 갈 준비 등, 엄마가 보기에 하는 게 당연하다 싶은 일이라도 '참 잘했어요!' 시트를 활용해 아이 스스로 '해낸 일'로 인정하여 아이에게 자신감을 심어주는 것이 좋습니다.

'참 잘했어요!' 시트는 아이가 해낸 일의 수만큼 스탬프를 찍거나 스티커를 붙이는 스탬프 랠리와 같은 것입니다. 이것이 있으면 '해냈어요!' '참 잘했어요!'를 눈에 보이는 형태로 표현할 수 있으므로 아이가 '스스로 해냈다!'를 체감할 수 있습니다.

기준을 엄격하게 할 필요도 없습니다. 그 일이 무엇이든 아이가 뭔가를 해냈다면 스탬프를 찍어 자신감을 키워주는 것이 중요합니다.

'손 씻기' '숙제하기' '학원 준비물 챙기기' '욕실 청소하기' 등등 해낸 일 한 가지에 스탬프를 하나씩 찍어 줍니다.

내일 할 일이나 불안감을 느끼는 일에 대해서는 확실하게 사전에 확인합니다. 숙제가 평소보다 많다, 챙겨야 할 준비물이 많다, 보고 싶은 프로그램이 여러 개 있다 등등 어른의 눈으로 보면 사소한 일이라도 눈에 보이지 않는 것을 이해하는 것이 서툰 아이들은 큰 불안감을 느낍니다.

머릿속으로만 생각하면 "아, 역시 안 될 것 같아. 어차피 못 할 텐데……" 하고 또다시 불안감을 가지게 됩니다.

아이에게는 눈앞의 일이 가장 중요합니다. 반대로 말하면 보이지 않는 것은 모르고 이해하지 못합니다. 특히 소극적이고 자신감이 없는 아이는 보이지 않는 것, 모르는 것, 평소와는 다른 것, 처음 하는 것에 대한 불안감이 크죠.

막연한 불안감은 "괜찮아." "걱정할 필요 없어."라는 말만으로는 해소되지 않습니다. 고민을 구체화하면 그 대응책을 생각할 수 있습니다.

할 일을 눈에 보이게 하여 불안감을 해소하면 조금씩 자신감을 가지게 됩니다.

✏️ 자신감을 키워 할 수 있는 일을 늘린다

처음에는 자신감을 키워 주는 것이 중요하므로 우선 가능한 일만을 목록으로 정리하여 '매일 이렇게나 많은 일을 해냈고 있다'라는 상태에서 시작합니다. 조금씩 자신감이 붙으면 '새로운 할 일' '새롭게 해볼 일'을 하나씩 추가해 가는 거죠.

예를 들어 밥 먹기, 양치질하기, 옷 갈아입기 같은 것들을 거뜬히 해내게 되면 '벗은 잠옷 개켜 놓기'처럼 할 일을 하나 추가합니다. 현재 실행하는 일에 더해 하나 더 도전하는 상태가 되는 것이죠.

'벗은 잠옷 개켜 놓기'를 할 수 있게 되면 이번에는 '화분 물주기'와 같은 다른 도전을 또 하나 추가하는 식으로 조금씩 늘려 갑니다.

자신이 할 수 있는 일이 하나씩 늘다 보면 "이런 것도 할 수 있게 되었다."며 아이 스스로 자신감을 가지게 됩니다.

단 한꺼번에 이것저것 욕심을 부리다가 이것도 못하고 저것도 못해 자신감을 잃게 되는 상황이 벌어져서는 안 됩니다.

작은 일이라도 '해냈다!'고 하는 성공 체험을 쌓는 것을 소중히 여겨 서두르지 말고 천천히 단계를 높여 나가도록 해주세요.

After C 양은 수첩을 이렇게 사용했다!

소풍 가는 날을 위한 일일 계획표를 따로 준비하여 소풍 알림장을 받아 오면 조목조목 일정을 확인하면서 일일 계획표로 시뮬레이션.

대개 소풍 알림장에는 상세한 일정과 준비물이 쓰여 있어요. 그걸 보면서 아이와 얘기하다 보니 간식은 언제 사러 갈 것인지, 학교에는 몇 시까지 가면 되는지, 평소보다 더 일찍 가야 하는 건 아닌지 불안해하고 있다는 사실을 알았습니다.

평소 학교에서 수업받는 날과는 다르기에 걱정이 되었겠죠. 그래서 먼저 함께 간식 사러 갈 날을 정해 월간 계획표에 써넣었습니다.

그다음엔 소풍날을 위한 특별 일일 계획표를 준비해서 할 일과 준비물을 붙임쪽지에 적어 붙였어요.

준비물은 전날 준비할 것과 당일 아침에 가방 속에 넣을 것으로 나누고, 할 일에 대해서는 서로 대화하면서 하나씩 확인하며 수첩을 정리했습니다.

"학교에 모이는 시간이 8시 15분이니 평소와 같은 시간에 집에서 나가면 되겠다." "모이는 장소는 학교 운동장이고." "모두 함께 지하철역까지 걸어가서 지하철을 타고 이동한다는데." "도시락은 공원에서 먹는다고 해."라는 식으로 하나하나 확인했어요.

그리고 완성한 특별 일일 계획표를 수첩에 끼워 소풍 가기 전까지 며칠간 매일 볼 수 있도록 했지요.

예전에는 소풍 며칠 전부터 언제 간식 사러 갈 거냐? 소풍 가기 전에 준비할 수 있느냐? 매일 묻고 또 물어서 성가셨는데 날짜를 정해 수첩에 표시해 놨더니 그런 질문을 안 하게 되었어요.

아이가 불안해하는 이유를 모르고 "모처럼 가는 소풍이니 즐겁게 다녀오면 좋을 텐

데" 하는 생각만 했었는데, 불안감의 원인을 밝히니 소풍 가기 싫다는 아이의 마음이

해소되었습니다.

●
POINT
아이가 잘 해내고 있는 일에 초점을 맞춰 작은 성공 체험을 쌓아 조금씩 자신
감을 가질 수 있도록 한다.

초등학교 5학년 D 군사례

Before

학원에 다니고 있어서 학교와 학원 양쪽의 숙제를 해야 합니다. "학원에 가기 전에 숙제 미리 끝내 놓지."라고 말하면 시키는 대로 곧잘 하기는 해요.

그런데 "스스로 생각해서 할 일은 좀 하지."라고 말하면 "뭘 어떻게 하면 좋을지 모르겠으니 엄마가 알려 줘. 전부 시키는 대로 할 테니까."라고 대답하네요.

⬇

수첩을 이렇게 사용했다!

일일 계획표 C형을 사용해 수첩 미팅을 하면서 확실하게 계획을 세움.

⬇

After

학교와 학원처럼 시간이 정해진 '일정'을 일일 계획표에 써넣고, 학교 숙제하기와 학원 숙제하기 등의 '할 일'을 붙임쪽지에 적어서 어느 시간에 할 것인지 계획을 짰습니다.

아이가 '게임을 하고 난 후 잠자리에 들기 전에 숙제하기'라는 얼토당토않은 계획을 세워서 "그건 어려울 것 같은데." 하고 참견하게 되더라고요.

이런 상황이 반복되니 아이가 "그럼 엄마가 계획을 짜면 되잖아!" 하고 계획 짜기를 싫어하더군요.

본인이 의욕적으로 하려고 했던 일도 그것을 실행하기도 전부터 엄마가 간섭해서 의욕이 꺾였는지 모든 일에 소극적인 태도를 보이는 것 같아서 반성했습니다. 그 후로는 아이가 어떤 계획을 세우든 간섭하지 않기로 마음먹었지요.

계획대로 잘 안 되는 날도 많지만, 본인 스스로 해낸 일들이 눈에 보이니 아이는 자기 나름대로 '열심히 하고 있다!'고 느끼는 것 같아요.

우선순위를
정하지 못한다

Before

초등학교 1학년 ㅌ 군 사례

학교에서 돌아오면 알림장을 꺼내고 숙제를 하고 다음 날 준비를 해야 하는 등 할

일이 한가득입니다.

친구랑 신나게 놀고 싶은데 할 일이 많아 놀러 나갈 수 없다며 짜증을 부립니다.

엄마로서는 실컷 놀게 해주고도 싶고 숙제도 했으면 좋겠고 정말 어떻게 해야 좋을

지 모르겠어요.

'수학 문제 풀이' '한자 쓰기 연습' '한자 읽기 연습' '학원 숙제'

'간식 먹기' '책가방 정리' '책 읽기' '욕실 청소 돕기'…… 아이들도 할 일이 많습니다.

"어떡하지! 어떡해?" 하며 허둥대고 고민만 하다가 결국 아무것도 못 한 채 시간만 흘러가는 경우도 많겠지요.

할 일이 너무 많거나 시간이 한정되어 있다면 뭐부터 손을 대야 할지 어른이라도 고민합니다. 하물며 아이는 '눈앞의 일이 가장 중요'하므로 해야 할 숙제나 집안일 돕기보다도 눈앞에 보이는 TV나 게임, 즐거운 놀이 쪽으로 순식간에 정신이 팔리기 마련입니다.

해야 할 일도 많고, 하고 싶은 일두 많지요.

어쩌나? 무엇부터 해야 하지? 하고 머릿속으로만 생각하면, 마음은 안절부절하고 머리는 멍해집니다.

게다가 그런 아이의 모습을 보는 엄마 입에서는 이거 해라, 저거 해라 잔소리가 튀어나오게 마련이죠.

그러면 아이는 점점 더 어찌할 바를 모르게 됩니다.

아직 경험치가 적은 아이들에게 머릿속으로 생각해서 우선순위를 정하거나 어른이 하듯 효율적으로 움직이는 것은 매우 어려운 일이니까요.

하루하루를 그냥저냥 닥치면 하고 아니면 말고 하는 식으로 지내다가는 시간이 아무리 지나도 경험치는 쌓이지 않고 우선순위를 정하는 힘도 키워지지 않습니다.

하지만 수첩을 사용해 조금이라도 의식을 집중하다 보면 스스로 우선순위를 정할 수 있게 됩니다.

고민, 걱정

- 할 일이 너무 많아 전부 파악하지 못하고 있다.
  - 우선순위 정하는 방법을 모른다.
- 어찌할 바를 몰라 허둥대다가 아무것도 못 하게 된다.

수첩 활용법!

일일 계획표

이렇게 바뀐다!

- 모든 할 일을 눈으로 보고 파악할 수 있으므로 당황하지 않고 하나씩 해나갈 수 있게 된다.
  - 붙임쪽지를 다시 정렬해 가며 우선순위를 정할 수 있다.
  - 할 일이 많아져도 붙임쪽지를 추가하면서 대응할 수 있다.

스스로 효율적인 순서를 생각해서 행동할 수 있게 된다.

✏️ 세세하게 구체적으로 드러내어 파악한다

할 일이 많아 무엇을 어떻게 하면 좋을지 모르거나 어떤 순서로 하는 게 좋을지 고민될 때는 아침에 일어나서 집에서 나가기 전까지 시간, 집에 돌아와서 저녁밥을 먹기 전까지 시간 등과 같이 시간대를 나눈 일일 계획표를 만들면 편리합니다.

먼저 할 일을 하나하나 세세하게 붙임쪽지에 적습니다. 숙제만 해두 여러 가지가 있을 테니 '숙제'리고 뭉뚱그려 적기보다 '한사 읽기 연습' '한자 쓰기 연습' '문제 풀이'와 같이 구체적으로 표시해 주세요.

할 일뿐 아니라 아이가 하고 싶어 하는 일, 예를 들면 '게임' '책 읽기' 'TV 보기'와 같은 것도 붙임쪽지에 적습니다.

할 일을 전부 붙임쪽지에 적었다면 일일 계획표에 붙입니다.

무엇을 어떤 순서로 하면 좋을지 생각하고 정리하면서 계획을 세웁니다.

이 단계에서 어쩌지? 어떡하나? 고민되는 경우도 많을 테지만, 너무 고민하지는 마세요.

이 시점에서 계획은 수첩을 매일 사용하기 위한 준비 과정이니까요.

153

그래도 순서가 고민된다면 평소 먼저 하는 일부터 나열해 봅니다.

우선 이렇게 현상을 확인한 후 "좀 더 좋은 순서는 없을까?" "어떻게 하면 잘 실천할 수 있을까?" 함께 생각하면서 붙임쪽지를 나열해 잠정적인 계획을 세웁니다. 현실적으로 쉽지 않은 계획이어도 상관없습니다.

전날에 수첩 미팅을 하면서 계획을 세웠는데도 막상 당일이 되면 친구랑 놀기로 약속했다거나 숙제가 많다는 등의 이유로 계획이 틀어지는 일도 흔히 생기니까요. 그럴 때는 붙임쪽지를 움직여

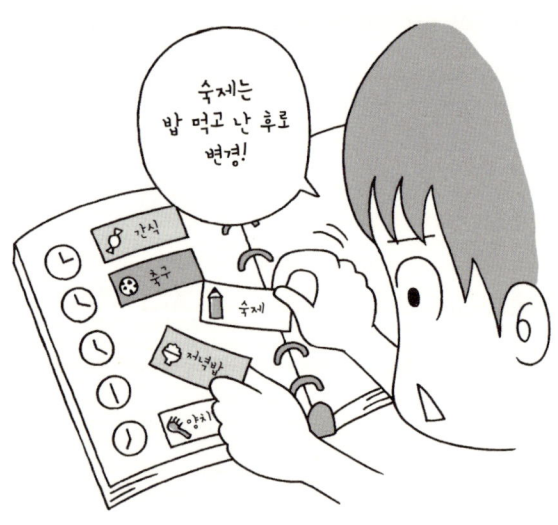

붙임쪽지를 사용하면 눈으로 보면서 계획할 수 있다

다시 계획을 짜면 됩니다.

계획을 실현할 수 있을지 어떨지가 중요한 게 아니라, 전날 어떻게 할 것인지 계획을 짜는 경험을 쌓는 것이 중요합니다.

✏️ 실천하면서 타이밍을 찾는다

만들어 놓은 일일 계획표를 토대로 매일 수첩 미팅을 통해 일정을 확인하고 내일 할 일을 계획합니다.

예를 들면 내일은 5시간 수업이므로 집으로 돌아오면 2시 30분쯤 되니까 저녁 식사 전까지 무엇을 어떤 차례로 할지 생각하면서 붙임쪽지의 나열 순서를 바꾸는 거죠.

어른이 보기에는 맨날 똑같아 보여도 하교 시간이 다른 날도 있고 친구랑 놀기로 약속했다거나 학원 또는 방과후 교실에 가야 하는 등 사실은 하루하루가 조금씩 다릅니다.

내일 일정을 확인하여 구체적으로 할 일과 순서를 그려 보면서 붙임쪽지를 다시 배열하여 계획을 세워 보세요.

낮 시간대는 일일 계획표를 보고 세운 계획대로 수첩에 붙여진 붙임쪽지를 위에서부터 차례로 하나씩 실행해 나가면 됩니다.

머릿속으로만 생각하면 할 일이 너무 많은 것 같아 좀처럼 행동하지 않게 되니 할 일을 전부 적어놓고 순서를 바꿔가면서 우선순위를 정하는 방법을 매일 연습하도록 해보세요.

✏️ 장기적인 계획으로 단계 상향!

조금씩 할 일의 우선순위를 정할 수 있게 되면 일주일 계획도 세울 수 있게 됩니다. 반대로 짧은 기간 할 일의 우선순위를 정할 줄 모르면 장기적인 계획을 세우기 어렵습니다.

"우리 아이는 전혀 계획을 세우지 못해요."라며 속상해하는 분들이 많은데, 어느 날 갑자기 할 수 있게 되는 것이 아닙니다. 일상생활을 하는 가운데 계획과 실행을 반복하여 조금씩 몸에 배도록 해주세요.

하루의 계획을 세우는 일에 익숙해지면 일주일 동안 언제 무엇을 하면 좋을지, 또 한 달 동안 언제 무엇을 하면 좋을지, 점차 장기적인 계획을 세워 볼 수 있도록 합니다.

방법은 하루 계획을 세우는 것과 마찬가지로, 할 일을 붙임쪽지에 적어 일정을 확인하면서 실행할 날짜를 정해 붙여놓기만 하면 됩니다.

After 토군은 수첩을 이렇게 사용했다!

일일 계획표를 사용해 할 일을 전부 눈에 보이는 상태로.
수첩 미팅을 통해 다음 날 계획을 짜고, 귀가 후에 다시 계획을 짜면서 할 일을 확인.

저녁에 수첩 미팅을 하면서 계획을 짜는데 특별히 배우러 다니는 것도 없고 학교에서 내주는 숙제는 항상 한자 읽기 연습과 수학 문제 풀이, 한자 쓰기 연습, 이렇게 세 가지 패턴이라 매일 해야 하는 일이 거의 변함이 없어요.

문제는 학교에서 친구랑 놀기로 약속하고 온 날이나 패턴이 다른 숙제가 있을 때죠.

그런 경우는 전날에 정해진 것이 아니니 학교를 마치고 집으로 돌아왔을 때 일일 계획표를 보면서 저녁 시간대에 할 일을 다시 계획하도록 했습니다.

"오늘은 무슨 숙제가 있니?" "혹시 친구랑 약속하고 왔어?" 하고 물어보면 아이는 질문에 대답하면서 할 일 붙임쪽지를 다시 나열합니다.

한번은 아이가 고민하는 것 같기에 "다녀와서 얼른 숙제하면 되지 않니?" 하고 말했더니 "갔다 오면 샤워도 해야 하고 TV도 보고 싶은데 숙제 다 못할 것 같아!"라고 하더군요. 오히려 제가 아이를 혼란스럽게 해버렸어요.

요즘은 아이가 차분히 할 일 붙임쪽지를 다시 나열하면서 알아서 계획을 짭니다.

숙제 다 못할 것 같은데 어쩌나? 하는 불안이 해소되어서인지 친구랑 약속 잡고 오는 날도 잦아졌고 즐겁게 놀다가 들어와서 숙제하는 습관이 붙게 되었습니다.

●
POINT
할 일을 눈으로 확인하고 할 일 붙임쪽지를 움직여 우선순위를 정하는 연습을 한다.

Before

제가 종일 근무를 하는데 딸아이가 5학년이 되면서 방과후 교실을 이용하지 못해 학교가 끝나면 집으로 돌아와 혼자 있습니다.

그사이 숙제를 마치고 욕실 청소를 해놓기로 딸아이와 약속했어요. 그런데 집에 와보면 욕실 청소하는 걸 깜빡했다거나 숙제하려고 했는데 모르는 문제가 있어서 못했다는 등 핑계만 늘어놓더라고요. 혼자 있는 동안 게임을 하거나 TV를 보면서 시간을 보내는 것 같더군요.

저녁 동안에 할 일을 끝내 놓지 못한 상황이라 늦은 시간대에 할 일이 집중되어서 잠자리에 들기 전이 매우 바쁩니다.

자는 시간이 늦다 보니 아침에 일찍 못 일어나서 깨워줘야 하고 항상 요란하게 집을 나서요.

수첩을 이렇게 사용했다!

일일 계획표 C형을 사용해서 할 일을 정리함.

혼자서 할 수 있는 일, 함께 할 일을 명확하게 구분해서

전날 수첩 미팅을 통해 서로의 일정을 확인.

After

학교에서 돌아온 후 잠자리에 들기 전까지 할 일을 전부 붙임쪽지에 적었습니다.

그 붙임쪽지를 '혼자서 할 수 있는 일'과 '엄마랑 함께 할 일'로 구분했어요. "이런 건 알아서 해놓으면 밤에 아주 편할 텐데" 싶은 것이 참 많았거든요.

일일 계획표를 만들 때 적어 놓은 할 일을 아이가 하나씩 '혼자서' '함께'로 구분하니 무엇을 함께 하면 좋을지, 왜 혼자서 못하는지, 아이의 생각을 들을 수 있었습니다.

숙제는 '모르는 게 있으면 못하니까 함께'라고 주장했지만, 전부 함께 하려면 시간이 부족하므로 혼자 있는 시간에 일단 숙제하고 모르는 부분만 함께 하기로 했어요.

한자 읽기 연습과 같은 숙제도 함께 하기로 했지만, 역시 밤에는 다른 할 일도 많아 깜빡하기 일쑤였습니다. 그래서 한자 읽기 연습은 아침에 하는 것이 좋겠다고 딸아이가 제안해서 아침에 할 일로 정한 후에는 매일 빼먹지 않고 계속하고 있습니다.

이제는 매일 자기 전 수첩 미팅을 통해 서로의 일정을 확인합니다. "내일은 ○○랑 도서관에 가기로 약속했어. 숙제도 도서관에서 하고 오려고."라는 얘기가 나오기도 합니다.

전에는 아이가 혼자 있는 시간에 무엇을 하는지 알 수 없어서 걱정이었는데, 수첩 미팅 덕분에 아이랑 얘기하는 시간이 늘어서 어떻게 시간을 보내고 있는지 잘 알게 되었어요.

"내일은 엄마 회사에서 회의가 있어서 한 시간 정도 늦을 거야." 하고 변칙적인 일정도 잊지 않고 얘기해 놓을 수 있게 되었고, 동시에 "쌀 좀 씻어두면 좋겠는데." 하고 부탁도 할 수 있게 되었습니다.

예전에는 알겠다고 대답은 잘하면서 게임에 빠져 부탁한 일을 잊곤 했는데, 지금은 붙임쪽지에 적어 수첩에 붙여 두니 심부름도 집안일 돕기도 잘해주어 많은 도움이 되고 있습니다.

숙제도 안 하고
게임만 한다

●

Before

초등학교 3학년 G 군 사례

학교에서 돌아오자마자 게임. 밥을 먹고 나서도 바로 게임. 아무튼, 게임만 합니다. 게임은 하루 한 시간으로 규칙을 정했지만, "조금만 더! 조금만 더!" 하면서 몇 시간 씩 게임에 빠져 지내고 있어요.

그러다 보니 숙제도 자기 전에야 겨우겨우 하고, 자는 시간이 늦어지는 건 말할 것 도 없고요.

자신이 해야 할 일도 안 하고 게임만 하는 아이 때문에 골치를 앓는 분이 많을 거로 생각합니다.

"숙제 미루면 이따가 힘들 텐데 얼른 해치워 놓고 게임을 하는 게 좋지 않겠니?" 하고 엄마는 지금까지 경험에서 아이에게 충고하지만, 아이는 말을 듣지 않고 나중에 하겠다며 게임에 열중합니다.

'할 일을 하고 나서 자기가 좋아하는 일을 하면 좋을 텐데'라는 어른의 논리는 아이에게 통하지 않습니다. 아이는 '눈앞의 것이 가장 중요'하니까 숙제보다 게임이 더 중요하죠.

그래서 아이에게 아주 중요하고 소중한 게임을 하지 말라거나 나중에 하라고 하며 숙제 먼저 하라고 해도 아이들은 말을 안 듣습니다.

그러므로 게임을 하고 싶어 하는 마음을 이해한다는 것을 아이에게 보여주면서 숙제 같은 할 일도 할 수 있도록 수첩을 활용해 보세요.

고민, 걱정

- 뭘 해야 하는지 모르니 눈앞의 일이나 좋아하는 일에 정신이 팔린다.
- 나중이 되어서야 해야 한다는 것을 깨닫고 쩔쩔맨다.
- 부모는 아이가 해야 할 일을 안 해서 속이 터진다.

활용 아이템!

일일 계획표

↓

이렇게 바뀐다!

- 해야 할 일을 적어 계획을 세운다.
- 스스로 순서를 생각해서 하나씩 해나간다.

↓

눈앞의 일에만 몰두하지 않고 제 할 일도 한다.

✎ 실패도 경험이라고 생각하여 계획하는 힘을 기른다

일일 계획표에 붙임쪽지를 붙여 계획을 세우는 기본적인 사용법은 같습니다.

아이가 직접 세운 계획을 보면 간식 먹고 게임을 한 후 숙제한다는 식으로 엄마가 생각하는 우선순위와 다른 경우도 많겠지요.

"이러면 지금까지와 전혀 다를 게 없잖아!" 하고 화내고 싶어질 수 있습니다.

하지만 여기서 엄마가 생각하는 우선순위와 다르다고 해서 수정하지는 마세요.

아이가 스스로 생각해서 계획을 세우고 해보는 것이 중요합니다. 그리고 해봤더니 어땠는지 그 경험을 통해 우선순위를 정하는 방법을 배우게 됩니다.

그러므로 엄마가 생각하는 계획과 다르더라도 아이가 세운 계획대로 지내보게 합니다.

그리고 결과가 어땠는지 수첩 미팅을 통해 되돌아보게 하는 것이죠. 게임을 하고 나서 숙제를 한다고 했지만 역시 못했다, 그렇다면 이제 내일은 어떻게 할 것인가를 생각하게 합니다.

수첩을 사용하지 않았을 때도 늘 언제 숙제할 것인지 확인하고 다독이며 관심을 가져 봤으나 결국에는 말을 듣지 않아 잔소리하고 야단치기를 반복할 수밖에 없었다는 분은 수첩이 크게 소용없으리라고 생각할지도 모르겠습니다만, 수첩이 있으면 적어도 아이가 자신의 할 일을 직접 눈으로 보고 확인할 수는 있습니다. 바로 이점이 크게 다른 점이지요. 또 붙임쪽지에 써놓은 '할 일'을 보면서 어떻게 할 것인지 계획을 짜게 되니 머릿속으로만 생각할 때와는 숙제에 대한 의식이 크게 달라집니다.

머리로만 생각할 때는 자기가 좋아하는 게임에 정신이 팔리기 쉽지만, 글자로 쓴 것을 나열하면서 생각하면 숙제에도 의식이 가기 쉬워집니다.

게다가 수첩 미팅을 할 때 다음 날 어떻게 시간을 보낼 것인지 미리 시뮬레이션하게 되므로 일정이 기억에 남기 쉽지요.

계획을 세우는 단계에서 예를 들면 '5시부터 숙제하기'와 같이 구체적으로 시간을 정해놓기를 권합니다.

게임의 경우도 아이에게 몇 시까지 게임을 할 것인지를 물어 수첩에 표시해 놓고 아이 스스로 수첩을 보고 일정을 확인하도록 하는 것도 효과적입니다.

말로 확인하고 약속해도 아이는 쉽게 까먹기 때문에 하겠다는 아이의 말을 곧이곧대로 믿을 수 없는 경우가 많습니다.

하지만 일일 계획표를 사용해 계획을 세우면 엄마와 아이가 함께 눈으로 확인할 수 있으니 엄마는 아이를 믿게 되고 아이는 까먹지 않고 자신이 할 일을 실행할 수 있게 됩니다.

●

After G 군은 수첩을 이렇게 사용했다!

일일 계획표를 사용해 '학교에서 돌아온 후 잠들기 전까지' 할 일을 확인.
붙임쪽지에 적어 놓은 '할 일'이 전부 끝나면 게임을 해도 좋다는 규칙을 정함.

학교에서 돌아온 후 잠들기 전까지 할 일을 전부 붙임쪽지에 적어 봤더니 숙제하기, 수업시간표에 맞춰 책가방 정리하기, 학교에서 보내는 알림장 꺼내놓기 등 할 일이 그다지 많지는 않았습니다.

그 붙임쪽지들을 보면서 아이와 대화를 했어요.

일단 잠자는 시간이 늦어지고 있어서 9시 30분에는 잠자리에 들기로 했고 그러려면 숙제를 저녁밥 먹기 전에 마치기로 약속했지요. 그 나머지는 매일 스스로 생각해서 할 일을 해보기로 결론을 내렸습니다.

자신이 할 일만 하면 게임을 해도 좋다는 얘기였으므로 숙제와 그 밖의 할 일을 해놓고 게임을 하게 되었습니다.

이제는 '저녁밥 먹기 전에 숙제 마치기'가 습관이 되어 잘하고 있어서 저녁 식사 후 씻는 시간, 책가방 정리하는 시간 이외에는 게임을 합니다.

"공부를 조금만 더 해줬으면……" 싶지만, 숙제하기와 취침 시간 등 약속이 지켜지고 있으므로 잔소리를 거의 안 합니다.

POINT
아이가 스스로 세운 계획을 실행하도록 하여 그 결과를 확실히 되돌아보게 한다.

초등학교 6학년 H 양 사례

Before

매일 학원에 다녀서 집으로 돌아오는 시간이 늦어 집에서 보내는 시간이 많지 않습니다. 집에 돌아와 바로 숙제를 하면 좋겠는데 TV를 보거나 게임을 하면서 시간을 보내느라 숙제는 아침 일찍 일어나서 하고 있어요. 게임을 할 시간에 숙제하면 일찍 안 일어나도 되는데 싶어 말해보지만, 전혀 안 통하네요.

수첩을 이렇게 사용했다!

일일 계획표 C형을 7장 준비해 일주일간 할 일을 계획.

After

학교 숙제도 학원 숙제도 일주일 분량 또는 사흘 분량으로 묶어서 나옵니다. 그것을 나누어서 하게 하려고 사전에 일주일치 일일 계획표를 준비했습니다.

그리고 요일별로 방과 후 일정을 계획했어요.

숙제가 있을 때마다 붙임쪽지에 적어 일일 계획표에 붙이면서 계획을 짜고 있습니다.

지금도 여전히 집에 돌아오면 TV를 보거나 게임을 하지만, 스스로 계획을 세워 숙제하고 있으므로 게임은 스트레스 해소용으로 필요하겠구나 싶은 생각도 듭니다. 숙제를 다 못해서 아침 일찍 일어나야 하는 날도 있지만, 본인 스스로 일찍 일어나서 하겠다고 정했으니 그렇게 하면 되지 않나 싶어요.

숙제가 많은 날은 "밥 얼른 먹고 숙제하고 싶으니까 오늘은 일찍 주세요!" 하고 먼저 요청하기도 하는 걸 보면 본인 나름대로 계획을 세워 열심히 하는구나 싶습니다.

정한 대로만
행동하려고 한다

●
Before

유치원 5~6세 반에 다니는 I 양 사례

아침에 등원 준비를 본인이 정한대로 하지 않으면 다음 일이 진행되지 않습니다.

평소 양치질 마무리를 도와주고 있는데, "지금 엄마가 바쁘니까 먼저 옷 갈아입으렴." 하고 말해도 "양치질이 안 끝나서 옷을 갈아입을 수 없어."라며 절대로 하지 않으려고 해요.

"그럼 옷은 나중에 갈아입고 다른 거 먼저 하면 안 되겠니?" 하고 말해도 "지금은 양치질할 시간이야!"라며 말도 안 되는 고집을 부립니다.

뭔가를 정하면 그대로 해야만 직성이 풀리고, 생각대로 안 되면 바로 의욕을 잃어 아무것도 안 하려는 아이의 모습을 보고 있자면 조금 유연하게 대응해도 좋을 텐데 싶은 생각에 걱정이 되죠.

그런데 경험이 적은 아이가 갑작스러운 변경이나 새로운 것에 대응하기란 어른이 생각하는 것 이상으로 불안한 일일지도 모릅니다.

우리의 생활은 사전에 계획을 세워 시뮬레이션할 수는 있지만, 그렇다고 예정대로 생각대로 모든 것이 척척 진행되는 것은 아닙니다. 아이가 당황하지 않고 유연하게 대처할 수 있도록 일정 변경 등을 수첩을 통해 확인할 수 있도록 해주세요.

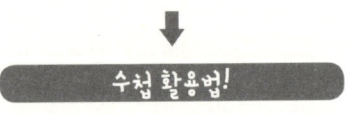

고민, 걱정

- 자기 머릿속에 자신이 정한 방법이 있다.
- 순서가 바뀌면 의욕을 잃고 하지 못한다.
- 순서가 바뀌면 못하는 게 아닐까 하는 막연한 불안감이 있다.

수첩 활용법!

일일 계획표 여러 장

- 변경된 내용을 눈으로 직접 확인할 수 있게 된다.
- 변경되어도 문제없이 할 수 있다는 것을 확인할 수 있으므로 안심하고 변경을 받아들이게 된다.

어떠한 변경이 발생해도 유연하게 대처할 수 있게 된다.

✏️ 패턴으로 나누어 현상을 파악한다

학교에서 돌아온 후 학원이나 취미교실에 가기 전까지 시간, 그리고 저녁부터 자기 전까지 시간 등, 할 일의 순서가 바뀌기 쉬운 시간대로 범위를 좁혀 일일 계획표를 준비합니다.

몇 가지 정해진 패턴이 있으면 그에 맞춰 준비하면 편리합니다. 취미교실에 가는 날은 어떻게 보낼 것인지, 취미교실에 가지 않는 날은 어떻게 보낼 것인지, 친구와 약속을 한 날은 어떻게 보낼 것인지 등등으로 구분해서 계획하는 것이죠.

각각의 패턴에 따라 할 일을 붙임쪽지에 적어 평소의 순서, 정한 순서대로 붙임쪽지를 붙이고 일일 계획을 완성해 보세요.

✏️ 변경을 눈으로 확인하여 차례로 실행한다

수첩 미팅을 통해 내일의 흐름을 확인하고 계획하여 다음 날 그것을 실행합니다. 단 고집이 센 아이는 정해진 패턴으로 일정이 진행될 때는 수첩의 필요성을 별로 못 느낄 수도 있습니다.

　문제는 평소의 패턴으로 행동할 수 없을 때입니다. 전날 미리 변칙적인 일정을 알았다면 수첩 미팅을 하면서 변경된 내용을 확실하게 확인합니다. 말로만 확인하면 아이가 수긍하지 않을 수도 있으므로 할 일 붙임쪽지를 움직여 계획을 수정하세요.

　그러면 다음 날은 평소대로 일일 계획에 붙여진 순서로 할 일을 하겠지요. 전날 확실하게 일정을 확인하고 계획했다면 일일 계획표의 순서대로 실행하는 것이므로 아이도 이해할 겁니다.

　학교에서 돌아오는 것이 늦어지거나 갑자기 손님이 찾아오거나 갑작스럽게 일정이 바뀌었을 때도 그때마다 붙임쪽지를 움직여 순서를 바꾸고 분명하게 확인합니다.

　고집이 센 아이의 경우 머릿속으로만 생각하거나 엄마가 말로 지시하는 것으로는 자신이 고집하는 부분에서 벗어나지 못합니다. 변경이 발생했을 때는 눈으로 보고 할 일 붙임쪽지를 바꿔 나열하는 방법으로 대응해 보세요.

아이가 위에서부터 차례로 실행한다는 규칙을 이해하고 있다면 일의 순서가 바뀌어도 규칙은 변함이 없으므로 수긍할 거예요. 그러다 보면 갑작스러운 변경에도 조금씩 대응할 수 있게 됩니다.

●

After I 양은 수첩을 이렇게 사용했다!

일일 계획표 A형을 사용해서 할 일 붙임쪽지를 바꿔 나열함으로써 변경이 발생했음을 확인시켜 준다.

아침에 일어나면 붙임쪽지에 아이가 할 일을 하나하나 그려 넣어 일일 계획표에 붙입니다.

위에서부터 차례로 실행해서 끝낸 일은 붙임쪽지를 옆 페이지로 옮겨 붙이도록 하고 있어요. 순서대로만 하면 된다는 것을 이해하고서부터는 안심하고 혼자 할 수 있는 일이 늘었습니다.

아이가 다른 일을 먼저 해줬으면 싶을 때는 말로 시키지 않고 일일 계획표에 붙인 붙임쪽지의 순서를 바꿔 "오늘은 이것부터 먼저 하자." 하고 말합니다.

물론 엄마 마음대로 붙임쪽지의 순서를 바꾸는 걸 싫어할 때도 있지만, '위에서부터 차례로'라는 규칙은 그대로라 크게 고집을 부리지는 않습니다.

예전에는 한창 바빠 죽겠는데도 싫다며 짜증 부리고 떼를 써서 달래느라 혼났었는데, 이제는 수첩을 보여주면서 설명하면 이해를 해서 아침 시간이 여유로워졌습니다.

"혼자 할 수 있어요!"가 늘어납니다

초등학교 4학년 J 군 사례

Before

학교에서 돌아오면 숙제하기 → 간식 먹기 → TV 보기 → 저녁 먹기 → 씻기의 차례로 할 일을 정해둔 아들.

학원에 다니기 시작한 어느 날, 집으로 돌아오면 바로 준비해서 나가느라 숙제할 시간이 없으니 학원을 관두고 싶다고 하더군요.

"숙제는 학원 갔다 와서 하면 되잖아." 하고 말해줘도 "못하면 어떡해?"라면서 불안해합니다.

수첩을 이렇게 사용했다!

일일 계획표 C형을 사용해

학원에 가지 않는 날과 학원에 가는 날의 두 가지 패턴을 작성.

전날 수첩 미팅에서 내일은 어떤 패턴에 해당하는지 확인.

After

학원에 가는 날과 가지 않는 날의 두 가지 일일 계획표를 작성했습니다.

처음에 학원에 가지 않는 날의 일과를 붙임쪽지에 적어 보니 TV를 보거나 책을 읽거나 가족과 수다를 떠는 '자유 시간'이 많다는 사실을 알았지요.

그래서 학원에 가는 날은 학교 수업을 마치고 돌아와서 바로 숙제하기는 어려우니 항상 있는 '자유 시간'에 숙제하기로 계획을 세웠어요.

그렇게 학원에 갔다 와도 숙제할 시간이 있다는 것을 눈으로 보고 이해가 되니 안심되는 모양이더라고요.

숙제가 여느 때보다 많은 날, 소풍을 가는 등의 학교 행사로 평소와 다른 날은 약간 불안해하기도 하지만, 변칙적으로 발생하는 일도 붙임쪽지에 적어서 일일 계획표에 붙이는 식으로 계획을 수정하고 있습니다.

집안일을 돕기로 했는데 꾸준히 못한다

유치원 3~4세 반에 다니는 K 양 사례

뭐든 집안일 돕기를 시키는 게 좋을 것 같아 매일매일 현관의 신발을 정리하기로 서로 약속했어요.

첫날은 기분 좋게 하더군요. 그런데 그날 하루뿐이었습니다. "엄마가 부탁한 거 왜 안 하니?" 하고 물었더니 "하고 싶지 않아서."라는 대답만 돌아오더군요. 그러면서 요리하는 걸 돕고 싶다거나 채소를 썰어 보고 싶다며 다른 일을 하고 싶어 합니다.

집안일 돕기를 하겠다고 약속하고 처음에는 열심히 하는 것 같더니 어느새 싫증을 내면서 안 하는 경우가 있죠. 왜 안 하냐고 물어보면 "오늘은 피곤해서 못 하겠어." "어제 열심히 해서 오늘은 쉴래."와 같은 핑계를 대며 끝까지 안 합니다.

그러면 엄마는 겨우 그까짓 것 하나 못 하느냐고 잔소리하고 싶어지게 마련입니다.

사실 아이에게 맡기는 것보다 엄마가 직접 해버리는 편이 훨씬 빠르고 확실하니 여러 번 말해도 안 들을 때는 억지로 시키느니 차라리 내가 해버리고 말겠다 싶어 아이에게 점점 안 시키게 되죠.

아이가 성장하고 자립하는 데는 집안일 돕기나 심부름이 중요합니다. 남을 돕는 경험을 통해 마음도 성장하고 또 집안일을 익히는 효과도 얻을 수 있지요. 그러니 계속해서 집안일을 돕고 심부름을 하는 것이 당연하다는 구조를 만들어 보세요.

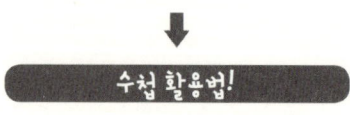

고민, 걱정

- 집안일 돕기의 수준이 높다.
- 집안일 돕기가 하나인 경우는 하느냐 안 하느냐 두 가지 선택지밖에 없다.

수첩 활용법!

- 집안일 돕기 목록

(좋아하는 종이에 구멍을 뚫어 집안일 돕기 및 심부름 내용을 적은

붙임쪽지를 붙여 놓은 시트)

• '참 잘했어요!' 시트

이렇게 바뀐다!

• 자잘한 집안일 돕기를 여러 개 준비한다.
• 매일 그 날 할 수 있는 것을 하면 되는 상태로 만든다.

매일 집안일 돕기를 해낼 수 있다!

하루에 한 가지 집안일 돕기를 반드시 할 수 있는 상황을 만든다

집안일 돕기의 내용을 상세하게 붙임쪽지에 적습니다.

예를 들어 '저녁 식사 준비'라고 써도 아이는 무엇을 어떻게 하면 좋을지 모릅니다.

그러므로 '테이블 닦기' '수저 놓기' '밥 푸기' 등 아이가 보고 알 수 있도록 자세히 써넣습니다.

일단 아이에게 어떤 일을 도와줄 수 있는지 물어보세요.

엄마가 보기에는 당연히 할 줄 알아야 하는 일도 아이 입장에서는 자기 나름대로 최선을 다하고 있다고 생각할 수 있습니다. 수준이 너무 높으면 어려워 할 수 있으므로 정말 간단한 일로 충분합니다.

가능한 한 여러 가지 집안일 돕기 내용을 적어 놓으면 집안일 돕기 목록이 완성됩니다.

✏️ "그것 좀 할래!" 하고 말하지 않고 그냥 맡겨 본다

"쌀 좀 씻어 주겠니?" "욕실 청소 좀 부탁해!"라고 꼭 집어서 시키지 말고, "집안일 돕기 목록 있잖아. 그거 보고 네가 할 수 있는 일 좀 해 줄래!" 하고 아이에게 맡겨 버리세요.

아이가 기분이 좋은 날은 많이 도와줄 테고 썩 내키지 않는 날은 별로 안 할지도 모릅니다.

하지만 소소한 도울 거리를 많이 모아놓았으므로 매일 하나 정도는 가능한 상태가 될 거예요.

그리고 아이가 뭔가를 실행했다면 "착하네. 고마워!" 하고 감사의 마음을 전하고, '참 잘했어요!' 시트에 스티커를 붙이거나 스탬프를 찍어주면 동기부여가 됩니다.

자신이 해낸 집안일 돕기의 수만큼 스티커를 붙여가다 보면 어느새 아이는 집안일 돕기를 즐기게 됩니다.

아이가 매일 계속해줬으면 싶은 일은 붙임쪽지에 적어서 일일 계획표에 붙여놓으면 아이도 그 일을 자기 할 일 중 하나로 인식하여 빼먹지 않고 하게 될 거예요.

다른 할 일들과 마찬가지로 위에서부터 차례로 실행하다 보면 꾸준히 계속할 수 있습니다.

●～～～～～～～～～～～～～～～～～～～～～～～

After K 양은 수첩을 이렇게 사용했다!

집안일 돕기 목록을 작성한다.
어떤 일을 실행했는지 알 수 있도록 붙임쪽지를 이동한다.
'참 잘했어요!' 시트에 스탬프를 찍는다.

～～～～～～～～～～～～～～～～～～～～～～～

아이에게 어떤 일을 도와줄 수 있는지 물으면서 집안일 돕기 내용을 하나씩 붙임쪽지에 적어 나갔습니다.

'채소 썰기' '반찬 만들기' 등 현재 상황에서는 쉽지 않을 것 같은 것에서부터 '테이블 닦기' '신문 정리하기' '빈 그릇 치우기' 등 지금도 때때로 하는 일까지 전부 적어 봤지요. 그것을 시트 한 장에 전부 붙여 집안일 돕기 목록으로 만들어 놓았어요.

저녁에 아이에게 "집안일 돕기 좀 부탁해!" 하고 말하면 아이가 스스로 그것을 보면서 자신이 할 수 있는 일을 몇 가지 해주고 있습니다.

물론 가끔은 "그릇 좀 정리해 줄래?" 하고 꼭 집어서 시키기도 합니다. 그렇게 아이가 해낸 일들을 집안일 돕기 목록 옆에 있는 붙임쪽지 붙임용 시트에 옮겨 붙이면 자기 전에 수첩 미팅을 하면서 어떤 일을 했는지 확인하고 그 수량만큼 '참 잘했어요!' 시트에 스탬프를 찍어 고마움을 전하고 있습니다.

그렇게 매일 스탬프를 찍는 게 아이는 신이 나나 봅니다.

그리고 집안일 돕기 목록을 만들면서 엄마가 아이에게 바라는 것과 아이가 하고 싶어 하는 일이 다르다는 것을 이해하게 되었습니다.

지금은 아이가 즐거운 마음으로 집안일 돕기를 실천하고 있어요. 그래서 아이가 해보고 싶어 하는 일도 조금씩 시켜 볼까 합니다.

POINT

한 가지 큰일보다는 작지만 여러 가지 많은 일로 집안일 돕기가 가능하도록 하여 집안일 돕기의 수준을 낮춘다.

초등학교 6학년 ㄴ군 & 초등학교 4학년 ㅁ군 사례

Before

부모의 귀가 시간이 늦어 형제 둘이서 집을 지키며 기다립니다. 그 사이 욕실 청소와 빨래를 걷어 개켜 놓기를 부탁해 뒀었어요. 그런데 누가 무엇을 할지 다투느라 결국 부탁한 일을 해놓지 않고 "형이 한 줄 알았다." "동생이 한 줄 알았다." 며 서로 책임을 떠넘기기만 합니다.

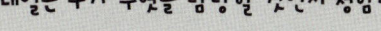
수첩을 이렇게 사용했다!

일일 계획표 C형에
'욕실 청소'와 '빨래를 걷어 개켜 놓기'라고 적은 붙임쪽지를 붙여
집안일 돕기도 본인들의 할 일의 하나로 정함.
수첩 미팅을 하면서 내일은 누가 무엇을 담당할 것인지 정함.

After

매일 해야 할 시간이 다 되어서야 할 일을 서로에게 미루며 다투기

183

바빠서 수첩 미팅을 할 때 내일은 누가 무엇을 할 것인지 정하도록 했습니다. 서로 얘기해서 정하면서 함께 확인했죠.

그리고 아침에 집에서 나갈 때 아이들에게 각자가 맡은 일을 부탁하며 한 번 더 확인하고 있습니다. 이렇게 자신의 할 일을 확인하니 예전처럼 핑계를 대면서 못하는 일이 많이 줄었어요.

물론 때때로 서로 바꿔 달라, 싫다며 다투는 것 같기는 한데 예전보다는 훨씬 덜 합니다. 이 상태로 아이들이 매일 계속해줬으면 싶습니다.

정리 정돈을 못한다

●～～～～～～～～～～～～～～～～～～～～～～

Before

초등학교 2학년 N 군 사례

"다녀왔어요!" 하고 돌아오면 바로 책가방을 바닥에 던져 놓고 겉옷과 양말을 벗고
노느라 정신이 없습니다.
장난감 바구니를 뒤집어 전부 바닥에 늘어놓고 놀아서 저녁이면 장난감, 학용품,
옷이 뒤죽박죽 섞여 있는 상태입니다.

～～～～～～～～～～～～～～～～～～～～～～～～

아이가 정리 정돈을 할 줄 몰라 힘들다는 얘기를 흔히들 하죠.
방이 어지럽다 보니 잊어버리는 것이 많고 준비하는 데 쓸데없이

시간이 걸리는 등 문제가 발생합니다.

책가방은 정해진 위치에 두고 꺼내놓은 물건은 정리하는 등 스스로 자기 주변을 정리 정돈할 줄 아는 아이가 되었으면 하고 바라게 되지요.

그런데 어지러운 방을 치웠으면 싶을 때 "정리 좀 해라!"라는 한마디로 아이를 움직여 보려고 해도 안 되는 경우가 대부분입니다. 그 원인은 대개 아이가 무엇을 어떻게 하면 좋을지 모르기 때문입니다. '정리 정돈'은 어른의 눈에서 보면 하나의 동작으로 보이지만, 어지럽게 널린 것은 여러 가지입니다. 장난감, 책, 교과서 등 물건에 따라서는 수납 장소와 방법이 다르므로 아이에게는 '정리 정돈'이 하나의 동작이 아닙니다. 하나하나 정리하는 방법을 모르면 혼자서 정리할 수가 없지요.

먼저 정리 정돈 방법을 확인할 수 있는 상태로 만들어 그것을 습관화할 수 있게 수첩을 활용해 보세요.

고민, 걱정

- 정리 정돈하는 방법을 모른다.
- 엄마는 아이가 정리할 수 있을 거라 생각하고 "정리하렴."이라는 한마디밖에 하지 않는다.

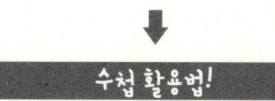

- 일일 계획표
- 정리 정돈 목록

(좋아하는 종이에 구멍을 뚫어 정리 정돈할 내용을 쓴 붙임쪽지를 붙여 놓은 것)

이렇게 바뀐다!

- 무엇을 어디에 정리해 놓으면 되는지,
구체적인 정리 정돈 방법을 수첩을 통해 확인할 수 있다.
- "수첩 보면서 정리해보렴."이라는 한마디로 구체적인 부탁이 된다.

스스로 정리 정돈 할 수 있게 된다.

✏️ 정리 정돈 방법을 수첩에 모아놓는다

정리 정돈할 내용을 적은 붙임쪽지를 붙일 장소로써 아이가 좋아하는 종이에 구멍을 뚫어 준비합니다.

그리고 정리 사항을 하나씩 붙임쪽지에 써놓고 앞서 준비한 종이에 붙여주면 '정리 정돈 목록'이 완성됩니다.

붙임쪽지에 일일이 적는 것이 번거롭게 생각될 수도 있지만, 아이는 '정리 정돈'이라는 한마디로는 이해를 못 합니다. 어른이 생각하는 것 이상으로 세세하게 눈으로 확인할 수 있도록 하지 않으면 행동으로 이어지기가 어렵죠.

엄마와 아이가 함께 어지러운 방을 보면서 서로 얘기해보기를 추천합니다. "(방에 어지럽게 흩어져 있는 물건을 손에 들고) 이거, 어떻게 하면 좋을까?" 하고 물어보면서 붙임쪽지에 적어 주세요.

예를 들면 '책은 책꽂이에' '장난감은 장난감 바구니에' '쓰레기는 쓰레기통에' '겉옷은 옷걸이에'와 같은 식으로요.

이때 수납 장소와 방법을 다시 한 번 아이와 함께 확인합니다. 이런 작업을 하다 보면 뜻밖에 수납 장소가 정해져 있지 않았거나 정리 방법을 모르고 있었다는 사실을 깨닫게 되기도 합니다.

내용을 적은 붙임쪽지는 크게 두 가지로 분류할 수 있습니다.

❶ 매일 정해진 시간에 할 것
❷ 정리 시간에 한꺼번에 할 것

①의 예를 들자면 책가방은 '학교에서 돌아오면' 바로 정해진 장소에 놓고, 겉옷은 '밖에서 돌아오면' 바로 옷걸이에 걸어놓는다는

식으로 정해진 시간에 실행하는 것을 말합니다.

②에 해당하는 것으로는 가령 책이나 장난감과 같이 가지고 놀고 난 후에 정리해야 하는 것을 들 수 있습니다. 그날그날 책이나 장난감을 사용하는 시간이 다르니까요.

①과 같이 시간이 정해진 것은 붙임쪽지에 적어서 일일 계획표에 붙여둡니다.

②의 경우 노는 일에 정신이 팔린 아이가 사용했던 물건을 바로바로 정리하기란 쉽지 않으므로 '놀이가 끝났을 때 전부 한꺼번에 정리하는 시간' 즉 '정리 정돈 시간'을 마련하여 그 시간에 한꺼번에 정리할 수 있도록 하면 순조롭게 이루어집니다.

이 경우는 붙임쪽지에 내용을 상세하게 써넣을 필요는 없습니다. 대신에 '정리 정돈 하기' 또는 '정리 시간'이라고 적은 할 일 붙임쪽지를 붙입니다.

정리 시간에 할 일은 시트 한 장에 별도로 정리 방법을 적은 쪽지를 나열하여 정리 정돈 목록을 만듭니다.

✏️ 아이 스스로 해야 하는 일로 확실하게 인식시킨다

일일 계획표에 붙여 놓은 할 일은 다른 일과 마찬가지로 위에서부터 차례로 합니다.

이를테면 학교에서 돌아온 후 하는 '책가방 제자리에 두기' '손 씻기' '숙제하기'와 같은 흐름이지요. 이렇게 매일 반복하는 동안 생활습관의 하나로 몸에 배게 됩니다.

정리 시간에는 엄마와 아이가 함께 대화를 나누면서 만들어 놓은 '정리 정돈 목록'을 보면서 정리하도록 다독입니다.

N 군의 정리 정돈 목록

정리 정돈 목록

장난감을 바구니에 넣기　색연필을 서랍에 넣기　　색연필을 서랍에 넣기

걸옷을 옷걸이에 걸기

프린트 버리기

책은 책꽂이에 꽂기

지금까지 "정리 좀 하지!!" 하고 말해도 어떻게 해야 할지 몰라 손 놓고 있었던 아이도 목록을 보면 '책은 책꽂이에' '겉옷은 옷걸이에' 하고 한눈에 알 수 있어 스스로 정리할 수 있습니다.

하지만 처음부터 아이 혼자서 전부 하는 것은 어려울 수도 있으니, 처음에는 정리 정돈 목록을 보면서 엄마와 아이가 함께 정리해 보면 어떨까요?

아이가 제 딴에는 열심히 정리한다고 해도 엄마가 바라는 상태로 정리하지 못하는 경우도 있으니까요.

함께 정리하면서 '정리된 상태'가 어떤 모습인지 엄마와 아이가 공통으로 인식하게 되면 차츰 아이 혼자 정리할 수 있게 됩니다.

● ～～～～～～～～～～～～～～～～～～～～～～～～

After N 군은 수첩을 이렇게 사용했다!

정리 정돈 목록을 작성.
'정리 시간'이라고 기재한 붙임쪽지를 일일 계획표에 붙여놓음.

～～～～～～～～～～～～～～～～～～～～～～～～

겉옷은 벗으면 바로 옷걸이에 걸고 책가방은 책상 위에 두는 습관을 길렀으면 싶었지만, 일단은 매일 한 차례 방안을 전체적으로 정리하는 것을 목표로 삼았습니다.

아이와 함께 방안 여기저기 흩어져 있는 물건을 손에 들고 어디에 놓아둘 것인지 하나하나 확인하면서 그 내용을 전부 붙임쪽지에 적어나가는 것에서부터 시작했어요.

'책은 책꽂이에' '신었던 양말은 세탁물 바구니에' '연필은 책상 서랍에'와 같은 붙임쪽지가 완성되었지요.

완성된 붙임쪽지는 '정리 정돈 목록' 시트를 만들어서 붙이고 수첩에 끼워 넣었습니다. 일일 계획표에는 '정리 시간'이라고 기재한 붙임쪽지를 저녁 식사 이전 시간대에 붙여 놓았어요.

그런 다음 저녁 식사 전 10분간을 정리 시간으로 정하고 스톱워치를 설정해서 "자, 시작!"이라는 신호와 동시에 아이와 함께 정리 정돈을 하고 있습니다.

바닥에 물건이 없으면 끝난 것으로 해서 몇 분 만에 정리했는지 수첩에 적어 놓고 있어요.

아이가 점점 '더 빨리 끝내고 싶다' '신기록을 세우고 싶다'는 마음이 생기는지 정리는 다소 어설픈 면이 있지만, 정리 시간 자체는 싫어하지 않고 즐기는 편입니다.

정리 정돈 목록을 만들면서 느낀 점은 부모의 생각과는 달리 아이는 무엇을 어디에 정리하면 되는지 전혀 모른다는 것이었어요.

대충 아무 데나 집어넣으니 다음에 필요할 때 어디에 뭐가 있는지 찾지 못하고, 여러 가지 물건이 뒤섞여 아무리 정리해도 정돈이 잘 안된다는 것을 알았습니다.

정리하라고 여러 번 말해도 못했던 이유가 여기 있었던 것이지요.

앞으로 정리 장소도 아이가 쉽게 알 수 있게 궁리하면 훨씬 깔끔하게 해낼 수 있을 듯합니다.

●
POINT
정리 정돈을 '가시화'하여 무엇을 어떻게 정리하면 '정리된 상태'가 되는지 알 수 있도록 한다.

Before

항상 책상 위에 물건이 잔뜩 쌓여 있어 필요한 것을 바로바로 찾을 수가 없습니다 "숙제 프린트물이 없어졌어!" "중요한 알림장이 안 보여!" 하며 매일 야단법석을 떨어요. 산처럼 쌓인 물건들 사이에서 필요한 것을 꺼내 책가방을 싸다 보니 툭하면 준비물을 빠뜨리곤 합니다.

수첩을 이렇게 사용했다!

정리 정돈 목록을 작성.
일주일에 한 번 정리시간을 마련.

After

책상 위에 뒤죽박죽 섞여 있는 물건들의 정체를 알 수 없을 지경이었습니다. 그래서 '인쇄물' '교과서' 등 하나씩 분류하면서 함께 정리했어요. 교과서를 두는 장소, 학원에서 사용하는 연습 문제집을 두는 장소 등도 정했지요.

각 물건을 둘 장소에 따라 붙임쪽지의 색깔을 달리하여 내용을 적어 나갔습니다. 책상에 두는 교과서나 문방구는 분홍색 붙임쪽지에 적고 책꽂이에 꽂는 만화나 잡지는 파란색 붙임쪽지에 적는 식으로요.

나머지는 시트를 따로 한 장 준비해 거기에 붙여놓고 '정리 정돈 목록'을 만들었습니다.

학원에서 나눠주는 인쇄물은 매번 다량으로 받아오기 때문에 바로바로 파일에 끼워 정리하기 어렵다고 하더군요. 서로 의논해서 임시로 상자에 뒀다가 일주일에 한 번 상자 안에 들어 있는 것을 파일에 옮기는 정리시간을 가졌습니다.

정리할 장소와 시간을 정했더니 교과서나 책은 그때그때 바로 제자리에 두는 습관이 밴 것 같습니다.

혼자서
준비물을 못 챙긴다

Before

유치원 5~6세 반 P 양 사례

매일 아침 유치원에 가지고 갈 준비물을 챙기는데 몇 년이 지난 지금도 여전히 "모르겠어! 엄마가 해!"라며 스스로 하려고 하지 않습니다.

시간에 쫓기다 보니 내가 하는 게 낫다 싶어 해줘 버릇해서인지 시간이 지나도 나아지지 않네요.

내년에 초등학교에 입학하는데 어떻게든 스스로 할 수 있게 해주고 싶습니다.

스스로 챙겨야 할 준비물인데 직접 하려 하지 않고 "준비 다 됐니?"라고 물어보면 "응" 하고 대답은 잘하는데 결국 뭔가를 빠뜨리거나 하는 경우가 많죠. 학원이나 취미교실에 갈 때도 항상 같은 것을 가지고 가면 되는데 스스로 챙기지 못하고요.

바쁜 시간에 매번 "못하겠어. 모르겠어!"라는 소리를 듣고 있기도 지치리라 생각해요. 엄마 입장에서는 "스스로 해야 하는 일, 매번 똑같은 일을 아직도 혼자 못 하니 걱정이다." 싶어 불안할지도 모르겠네요.

준비 자체를 까먹기도 하고, "준비하렴." 하고 말해줘도 혼자서 못하는 모습을 보고 있으려면 "왜…?" 하는 마음이 들죠. 그런데 "준비하렴."이라는 말은 "빨리!" "정리해야지."라는 말과 마찬가지로 뭘 어떻게 해야 하는지 알려주지 않습니다.

아이가 무엇을 모르겠다는 것인지, 왜 혼자서 못하는지 대화를 나눠 스스로 할 수 있도록 궁리한 후 그 해결책을 수첩에 담아 보세요.

고민, 걱정

- 무얼 준비해야 하는지 몰라서 못 한다.
- 준비를 다 했다고는 하는데 잊은 게 많다.

- 일일 계획표(준비물 기재 칸 있음)

또는 준비물 목록(좋아하는 종이에 구멍을 뚫어 준비물을 적은 붙임쪽지를 붙인 것)

 이렇게 바뀐다!

- 준비할 것을 하나씩 확인할 수 있다.
- 준비한 것, 못한 것을 눈으로 확인할 수 있다.

시키지 않아도 스스로 준비물을 챙길 수 있다!

상황별로 세세하게 구체화하여 목록으로 정리

일일 계획표의 준비물 기재 칸 또는 준비물을 적어 놓은 붙임쪽지를 붙일 용지를 마련해 '준비물 목록'으로 삼습니다.

혼자서 준비할 수 없는 상황별로 '준비물 목록'을 작성하기를 추천합니다. 혼자서 준비할 수 없는 장면이 몇 가지 있다면 그 수만큼 준비물 목록을 만듭니다.

예를 들면 매일 학교 또는 유치원에 가지고 가야 할 준비물 목록, 월요일에 가지고 가는 준비물 목록, 학원에 가지고 가는 준비물 목록 등과 같이 말이죠.

'축구 교실 가는 날'의 일일계획표 경우에 '축구를 위한 준비물'은 그 일일 계획표의 준비물 칸에 붙여두면 할 일과 준비물을 함께 확인할 수 있습니다.

준비가 끝난 붙임쪽지는 옆 페이지의 붙임쪽지 붙임용 시트에 옮겨 붙입니다. 이렇게 하면 눈으로 직접 보고 준비가 된 것과 그렇지 않은 것을 바로 알 수 있어 아이도 헤매지 않고 잘 챙길 수 있게 됩니다.

✏️ 붙임쪽지는 번거롭더라도 구체적으로 작성

아이 스스로 어떤 준비물이 필요한지 생각하고 엄마와 함께 확인하면서 붙임쪽지를 작성하는 것이 포인트입니다.

"월요일에는 실내화, 운동복, 마스크가 필요하네!" 하고 엄마가 일일이 말하면서 적든, "월요일 준비물은 뭐가 있을까?"라고 질문해서 아이가 "으~음, 실내화, 운동복……" 하고 스스로 생각하여 대답한 것을 적든 결과적으로는 같은 목록이지만, 아이에게 스스로 생각할 기회를 주는 것이 좋으므로 시간이 걸리더라도 그런 과정을 거치는 것이 좋습니다.

준비물은 아이가 혼자서도 준비할 수 있도록 하나하나 자세하게 적어주세요.

예를 들면 '필통'의 경우도 연필이 5자루 필요한데 2자루밖에 없거나 깎아두지 않아서 필통 속 내용물이 덜 준비되었을 때는 '연필 깎아두기' '연필을 5자루 필통 안에 넣어 놓기'와 같이 구체적으로 적는 것이 좋습니다.

✏️ 붙임쪽지를 이동하면서 확인한다

완성된 준비물 목록을 보면서 하나씩 준비합니다.

준비하는 것 자체를 잊어버리거나 언제 준비해야 하는지 모르는 아이를 위해서는 일일 계획표에 '○○ 준비하기'라고 적은 붙임쪽지를 붙여두면 좋겠지요. 그러면 붙임쪽지가 붙여져 있는 시간에 준비물 목록을 보면서 준비할 수 있을 테니까요.

옆 페이지에 마련한 붙임쪽지 붙임용 시트에 붙임쪽지를 옮겨 붙임으로써 준비가 끝난 것과 아직 못 한 것을 한눈에 알 수 있으므로 아이 혼자서도 준비하기가 쉬워집니다.

처음부터 전부 혼자 하기는 어려울지도 모르겠지만, 목록을 보

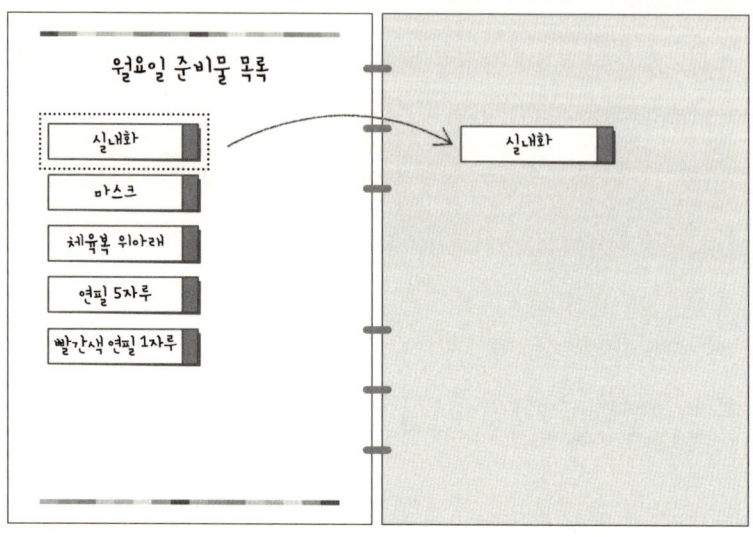

준비물 목록 예

월요일 준비물 목록

실내화

마스크

체육복 위아래

연필 5자루

빨간색 연필 1자루

실내화

면서 하나씩 준비하는 것을 반복하다 보면 조금씩 몸에 뱁니다. 목록을 만들어서 볼 수 있도록 해주면 "무엇을 준비해야 하는지 모르겠다!"고 하는 상태에서 벗어나게 되므로 안심할 수 있습니다.

그래도 아이가 "엄마가 챙겨 줘!"라고 말한다면 "수첩 보면서 함께 해 볼까?" 하고 다독여 수첩을 보면서 준비하는 습관을 길러 주세요.

After P 양은 수첩을 이렇게 사용했다!

매일 유치원에 가지고 가는 준비물 목록을 작성.
'참 잘했어요!' 시트로 동기부여.

쉬는 날 시간을 내어 스티커형 붙임쪽지에 준비물을 적어 보았습니다. 아직 글자를 잘 읽지 못하므로 그림도 같이 그려 넣었어요.

수첩 왼쪽 페이지에 흰 종이를 끼워 준비물을 적은 스티커형 붙임쪽지를 나열해서 붙이고, 오른쪽 페이지에는 붙임쪽지 붙임용 시트를 마련해 가방 그림을 그렸습니다. 그리고는 가방에 준비물을 챙겨 넣으면 가방 그림에 붙임쪽지를 옮겨 붙이자는 규칙을 만들었지요.

이게 굉장한 효과를 발휘하더군요. 아이가 준비물 챙기기를 즐기게 되었습니다.

그래서 계속 잘해줬으면 싶은 마음에 아이의 동기부여를 위해 준비물을 완벽하게 챙길 때마다 '참 잘했어요!' 시트에 스티커를 하나씩 붙이기로 했습니다.

스스로 유치원 갈 준비를 해서 스티커형 붙임쪽지를 옮겨 붙이고 마지막에 '참 잘했어요!' 시트에 칭찬 스티커를 붙이는 게 신이 나는지 아이가 늘 기쁜 마음으로 준비물을 챙기고 있습니다.

물론 가끔 기분이 안 좋은지 좀처럼 준비하지 못하는 날도 있지만, 그럴 때는 준비물 목록과 가방 그림을 가리키며 "이 가방은 또 뭘 갖고 싶어 할까?"라는 질문으로 흥미를 돋우어주면 곧잘 하곤 합니다.

요즘은 "엄마, 이제 준비 다 했어!"라며 득의양양한 얼굴을 하는 아이를 보면 스스로 준비하는 경험이 자신감으로 이어지는 것 같다는 생각에 참 다행이다 싶습니다.

POINT
준비물을 '가시화' 하여 아이 스스로 눈으로 보고 확인하면서 준비할 수 있도록
한다.

Before

준비물 한두 개쯤 빠뜨리는 게 당연한 일인 양 아이는 전혀 아무렇지 않은 모양입니다. 특별한 준비물을 잊는 게 아니라 필통 속의 연필이나 지우개, 교과서 등 매일 가지고 가야 하는 것들을 잊곤 하네요.
5학년씩이나 되었으면서 왜 제대로 챙기지를 못하는지 정말 속이 상합니다.

수첩을 이렇게 사용했다!

준비물 목록을 작성.
수첩을 보면서 준비물을 함께 확인.

After

"필통에는 뭘 넣니?" 하고 물어봐도 잘 모르는 것 같고, 사회 수업 시간에는 교과서와 지도, 공책이 필요하다는 것도 이해하지 못하고 있다는 걸 알았습니다. 교과서와 공책을 일일이 확인하면서 붙임쪽

203

지에 적어 준비물 목록을 작성했어요.

그리고 매일 숙제를 마치면 함께 시간표와 필통 내용물을 점검하고 있습니다. 이제는 준비물 목록을 보면서 준비하니 빠뜨리는 일이 많이 줄었어요.

솔직히 '5학년이나 되었는데도 이렇게까지 해야 하나?' 싶은 마음도 있었지만, 아이가 자신이 해야 할 일, 챙겨야 할 것들을 전혀 못 하고 있다는 사실을 알았으므로 좀 지나친가 싶다가도 수첩 습관을 들이길 잘했다고 생각합니다.

본인이 사용할 준비물을 챙기는 것인데 당연히 할 수 있을 줄 알았어요. 또 아이의 자립을 위해서는 엄마가 참견하지 않는 편이 좋다고 생각했었지요. 그런데 자기 할 일이 뭔지도 모르고 방법도 모르는 상태에서는 시간이 지난다고 해서 저절로 할 수 있게 되는 것이 아니라는 사실을 실감했습니다.

준비물을
꼭 전날 밤에 말한다

●————————————————————————————————————

Before

초등학교 3학년 R 양 사례

"앗! 깜빡했다. 선생님이 내일 ○○ 가지고 오랬어."라는 일이 잦습니다.

저는 일을 다니는 상황이라 아이가 집으로 돌아오는 시간에 집에 없는 일이 많아

서, 학교에서 보내는 알림장은 책상 위에 아무렇게나 내팽개쳐져 있거나 가방에서

꺼내는 걸 잊어 며칠씩 가방 속에 들어 있곤 합니다. "잃어버리지 않으려고 엄마에

게 직접 주고 싶었지만, 엄마가 늦게 오는 날은 꺼내는 걸 깜빡하고 말아."라고 말

하는 걸 보면 제 나름대로 생각은 있는 것 같은데…….

~~~~~~

"엄마, 내일 빈 우유 팩 2개 필요해." "이 알림장 내일까지 전부 적어서 가지고 오래!"라고 갑자기 요구해서 "뭐야! 좀 더 빨리 말해줘야 준비할 거 아냐! 전날 그것도 다 저녁에야 말하면 어떻게 준비하니?" 하는 사태가 벌어지곤 하는 경험을 누구나 한두 번쯤 해봤겠지요.

그나마 전날에라도 말해주면 나은 편인데, 엄마는 전혀 몰랐다가 당황하는 상황이 벌어지기도 합니다. 좀 일찍 말해주면 좋을 텐데 싶어 화가 나겠지만, 야단을 쳐봐야 상황은 달라지지 않습니다. 수첩을 활용해 대책을 세워 보세요.

초등학생 때까지는 학교든 유치원이든 필요한 것을 대개 알림장을 통해 사전에 알려줍니다.

먼저 알림장을 바로바로 꺼내놓는 습관을 들이도록 수첩을 활용해 보시기 바랍니다.

고민, 걱정

• 유치원 또는 학교에서 보내오는 알림장을 꺼내놓지 않는다.
• 알림장이 중요한 것이라는 걸 이해하지 못하고 있다.

↓

수첩 활용법!

- 일일 계획표

- 알림장의 중요성을 이해한다.
- 매일 알림장을 꺼내놓게 된다.

미리미리 확실하게 준비하게 된다!

✏️ 대화를 통해 이유를 알아본다

앞서도 설명한 바와 같이 학교(유치원)에서 아이들에게 필요한 것은 사전에 알림장을 통해 알려줍니다.

그 '알림장을 꺼내놓는' 습관을 들이기 위해 붙임쪽지에 '알림장 꺼내놓기'라고 적어 수첩에 붙여주세요.

붙임쪽지를 작성할 때는 아이에게 알림장을 그때그때 꺼내놓아야 하는 필요성을 잘 설명해줘야 합니다. 아이가 임박해서야 말하는 바람에 곤란했던 상황을 떠올려, 이를테면 "지난주 미술 재료 준비해 가야 했을 때 어땠었지?" 하고 질문해봅니다.

그러고는 "엄마에게 알림장을 제때 보여주지 않으면 학교에서 뭐가 필요한지 알 수 없으니 이제부터 알림장을 받아오는 날에는 학교에서 돌아오는 대로 바로 꺼내기로 하자. 잊어버리지 않게 일일 계획표에 붙임쪽지를 붙여둘까? 이거 보고 매일 꺼내놓는 거야."라는 식으로 알림장을 제때 꺼내놓아야 하는 이유, 수첩을 사용하는 목적을 알아듣게 설명합니다.

✏️ 일일 계획표에 할 일의 하나로 집어넣는다

일일 계획표에 붙여두면 책가방 제자리에 두기, 알림장 꺼내기, 간식 먹기 등과 같이 흐름에 따라 알림장을 습관적으로 꺼내놓게 됩니다.

아이가 알림장 꺼내는 걸 잊은 것 같다 싶을 때는 "수첩을 보렴." 하고 신호를 보내는 거죠. 그렇게 해서 아이가 스스로 수첩을 보고 알림장을 꺼내놓아야 한다는 사실을 떠올리도록 합니다.

"알림장 꺼내야지?" 하고 엄마가 직접 말하기보다 번거롭더라도 수첩을 보게끔 유도하여 아이가 스스로 깨닫고 스스로 알림장을 꺼냈다 하고 인지할 수 있게 해주세요. 그러면 스스로 할 줄 아는 아이에 한 걸음 다가가게 됩니다.

당장은 잘 안되더라도 끈기 있게 수첩을 보면서 위에서부터 차례로 실행하는 것을 반복시킵니다.

일일 계획표 한 장에 할 일 붙임쪽지가 너무 많다 보면 빼먹을 수도 있으므로 '알림장 꺼내놓기'가 파묻히지 않도록 궁리하여 수첩을 꾸며줍니다.

예를 들면 학교에서 돌아온 후에 할 일을 3~5개 정도로 범위를 좁혀, '손 씻기' '알림장 꺼내놓기' '책가방 제자리에 두기' 세 가지 할 일 붙임쪽지만을 일일 계획표에 붙입니다.

그리고 '이 세 가지를 마치면 간식 타임!' 또는 '이 세 가지를 해내면 놀러 나가도 좋다'는 식으로 규칙을 정해서 아이가 "이것만 하면 내가 하고 싶은 걸 할 수 있어!"라는 생각에 즐거워할 수 있도록 동기부여를 합니다. 할 일이 너무 많으면 의욕이 사라지므로 "이 정도야 간단하지. 바로 끝내 버리겠어!"라고 생각할 정도로 간단한 일들을 조합해 주세요.

게임을 하듯 시간을 정하는 것도 매우 효과적입니다. "어제는 3분 40초 만에 끝냈던데, 과연 오늘은 신기록을 달성하게 될까?" 하고 말하면서 스톱워치를 설정해주면 게임마냥 신나게 하는 아이도 많습니다.

그래도 못 할 때는 아이와 함께 수첩을 펴놓고 할 일 붙임쪽지를 하나하나 확인하면서 조금씩 습관이 들도록 하세요. 매일 반복하다 보면 곧 혼자서 할 수 있게 됩니다.

'알림장 넣는 상자'를 준비하고, 일일 계획표에 '알림장 꺼내놓기'라고 적은 붙임쪽지를 추가.

일일 계획표를 만들면서 아이와 대화해 보니 아이가 학교에서 돌아온 후 알림장을 책상 위에 꺼내놓기는 하는데 내게 직접 주려다가 깜빡하는 경우가 있다는 사실을 알게 되었습니다.

알림장은 역시 학교에서 돌아오자마자 꺼내놓는 것이 잊어버릴 위험이 적으므로 엄마에게 직접 주지 않아도 정해진 위치에 두면 엄마가 받아볼 수 있다는 걸 설명하고 '알림장 넣는 상자'를 마련했어요.

이제 아이는 학교에서 돌아오면 '알림장 꺼내놓기'라고 적힌 붙임쪽지를 보고 상자에 알림장을 둡니다. 그리고 저는 집에 돌아와서 알림장 상자를 확인하죠. 그렇게 하다 보니 알림장을 전달받지 못하는 일이 없어졌습니다.

또 밤에 수첩 미팅을 하면서 아이와 함께 알림장을 확인하니까 대화거리도 많아지고 준비물이나 챙겨야 할 사항 등을 꼼꼼히 확인할 수 있게 되었어요.

●
POINT

먼저 '알림장 꺼내놓기'를 습관화한다.

초등학교 5학년 S 군 사례

Before

학교에서 받아온 알림장을 꺼내놓지 않아 때때로 가방 속을 보면 꾸깃꾸깃해진 알림장이 아주 많이 나옵니다. 여러 번 말해도 고쳐지지 않고 항상 임박해서야 필요한 것을 얘기하곤 해요. 한번 혼나봐야 정신을 차리겠지 싶었는데 전혀 아무렇지 않은 모양입니다.

수첩을 이렇게 사용했다!

'손 씻기, 알림장 꺼내놓기, 간식 먹기' 세 가지로 범위를 좁혀
일일 계획표를 작성.

After

평소 자신이 할 일이나 숙제 등은 어느 정도 알아서 처리하는 편이었으므로 알림장 꺼내놓기에 초점을 맞추기로 했습니다.

지금까지는 학교 수업을 마치고 집에 돌아오면 바로 간식을 먹

고 나가 놀다 왔으므로, 일단 집에 오자마자 알림장부터 꺼내놓고 나서 간식을 먹는 방향으로 해야겠다고 생각했어요.

"간식 먹기 전에 알림장부터 꺼내 놓을래." 하고 입으로 말하는 거로는 전혀 소용없더라고요.

그래서 아이와 얘기를 나눈 끝에 학교에서 돌아오자마자 할 일 세 가지를 붙임쪽지에 적어 일일 계획표에 붙여놓고 이것만큼은 반드시 습관이 들도록 하자고 약속했습니다. 이제는 알아서 척척 잘해내고 있습니다.

예전엔 "오늘은 알림장 없어?" 하고 물어볼 때마다 아이가 귀찮다는 듯 짜증 부렸었는데 수첩에 스스로 해야 하는 일임을 표시해 줬더니 집에 와서 손 씻고 알림장만 꺼내놓는 일 정도는 별거 아니라는 생각이 들었는지 너무나 잘하고 있습니다.

자기 일정을
파악하지 못하고 있다

초등학교 1학년 ㄱ 양 사례

친구와 어울려 노는 걸 너무 좋아해서 매일 학교에서 친구와 놀기로 약속하고 돌아옵니다. 치과에 가야 하는 날에도 일정을 잊고 약속하고 왔더군요.

같은 반 친구는 연락망을 찾아보면 전화번호를 알 수 있지만, 다른 반 친구하고도 약속하고 돌아오니 연락해서 약속을 취소할 길이 없어 곤란했던 적이 한두 번이 아닙니다.

학원에 가야 할 시간인데 놀러 나가서는 감감무소식, 외출하기로 한 날도 "오늘 뭐 해?" 하며 전혀 기억도 못 하면 속이 터지죠.

자신의 일정이니 기억해 줬으면, 신경 좀 써 줬으면 싶은 게 엄마 마음입니다.

그런데 어른들도 가끔은 잊어버리기도 하잖아요. 한참 전에 정해진 약속이거나 일정이면 까먹을 수도 있으리라 생각해요. 물론 한동안 잊었다가도 기억해내 주기만 한다면 좋겠지만요.

초등학생까지는 대개 엄마가 아이들의 일정을 관리하고 준비해서 아이들은 시키는 대로 따르기만 하는 경우도 많고요. 아이 스스로 자신의 일정을 전부 파악하고 있기란 쉽지 않습니다. 나이가 어리면 어릴수록 장기적인 일정을 관리하거나 계획하기는 더더욱 힘들겠죠.

하지만 아이도 본인의 일정이니 엄마에게만 맡겨놓지 말고 조금씩 의식하고 있어야 마땅합니다. 일정 관리야말로 수첩의 가장 큰 역할이죠.

고민, 걱정

- 엄마가 매니저가 되어 관리하고 있다.
- 아이가 자신의 일정에 전혀 신경을 쓰지 않는다.

수첩 활용법!

- 월간 계획표
- 일일 계획표

⬇

이렇게 바뀐다!

- 자신의 일정을 의식하게 된다.

⬇

아이 스스로 예정된 일정을 파악할 수 있게 된다.

✏ 수첩 미팅을 통해 예정된 일정을 의식하게 한다

일상적으로 수첩을 활용해 예정된 일정에 신경 쓰도록 합니다. 가장 중요한 것은 수첩 미팅을 할 때 월간 계획표를 보면서 내일의 일정을 확인하여 어떤 하루를 보낼 것인지 엄마와 아이가 함께 파악하는 것이죠.

미리 정해진 일정은 정해진 시점에서 월간 계획표에 기재하므로 바로 앞 주에 정해진 것도 있을 수 있고 두 달이나 전에 정해진 것도 있게 마련입니다. 한참 전에 정해진 일정은 까먹기 쉬우므로 수첩 미팅을 할 때마다 확인하도록 하세요.

이때 일정을 확실히 파악해 두면 깜빡 잊어버리는 일이 줄어듭니다.

● ～～～～～～～～～～～～～～～～～～～～～～～～～～

After ㄱ 양은 수첩을 이렇게 사용했다!

월간 계획표에 친구와 약속하고 오면 안 되는 날에는 ×표를 해둠.
전날 수첩 미팅을 하면서 확인.

～～～～～～～～～～～～～～～～～～～～～～～～～～

학원이나 방과후 교실 가기, 치과 가기 등 정해진 일정을 함께 확인하면서 월간 계획표에 써넣었습니다. 엄마가 배웅이나 마중을 못 하는 날, 친구와 약속해서는 안 되는 날 등에는 '×'표시를 하여 아이도 한눈에 알 수 있도록 했어요.

매일 수첩 미팅을 하면서 다음날 급식 메뉴는 무엇인지, 친구랑 놀기로 약속하고 와도 되는지 확인합니다.

이제는 아무 생각 없이 약속하고 오는 날도 줄었고, '화요일은 ○○가 학원에 가는 날이라 같이 놀지 못함'과 같이 친구가 일정이 있는 날을 스스로 수첩에 표시해 놓기도 하고요.

또 '이번 주 목요일은 다 함께 놀 수 있는 날~~♪'이라고 표시해 두고 기대하기도 합니다.

● ～～～～～～～～～～～～～～～～～～～～～～～～～～

POINT
정해진 일정은 월간 계획표에 표시해 놓는다. 수첩 미팅을 할 때 확실히 확인하여 아이가 예정된 일을 의식할 수 있도록 한다.

～～～～～～～～～～～～～～～～～～～～～～～～～～

초등학교 5학년 U군 사례

●
Before

수업이 끝난 후에도 잠시 학교시설을 이용할 수 있도록 개방하고 있어서 학교 문을 닫을 때까지 친구들과 함께 놀다 돌아오는 날이 많습니다. 실컷 놀기를 바라는 마음도 있지만, 축구 교실에 가는 날은 일찍 돌아오지 않으면 시간 맞춰 가기가 힘든데 종종 늦곤 하네요.
아침에 집에서 나갈 때 "오늘은 축구 교실 가는 날이니까 일찍 돌아오렴." 하고 말해도 잊어버리는 모양입니다.

수첩을 이렇게 사용했다!

월간 계획표에 정해진 일정을 표시해 놓음.

일일 계획표에 학원이나 취미교실 가는 날의 할 일 목록을 작성해 둠.

●
After

수첩 미팅 시간에 월간 계획표를 보면서 내일 일정을 확인하고 일일 계획표를 이용해 할 일을 계획했습니다.

지금까지 아이가 학교에서 돌아와 축구 교실에 가기 전까지 준비하는 데 시간이 얼마나 걸리는지, 무엇을 해야 하는지 함께 생각해 본 적이 없었더군요.

일일 계획표를 만들면서 그런 사항들을 눈으로 확인할 수 있게 했더니 아이 본인도 그런 날은 학교에서 일찍 돌아와야 한다는 걸 깨달은 것 같습니다.

아직은 가끔 깜빡 잊고 놀다가 허둥지둥 돌아오는 경우도 있지만, 예전보다는 많이 줄었어요.

노는 데 정신이 팔려서 조금 늦게 돌아와도 축구 교실에 늦지 않도록 티셔츠, 수건, 축구화 등을 전날 밤에 미리 준비해 놓는 등 스스로 생각하면서 잘 해주고 있습니다.

원하는 게 있으면
떼를 쓴다

유치원 3~4세 반 ∨군 사례

마트에 장 보러 갈 때마다 자신이 원하는 걸 사달라고 조르며 그 자리를 떠나지 않습니다. 사주지 않으면 울고불고 떼를 쓰니 하나 정도 사주고 말지 싶어 매번 사게 됩니다.

떼를 써서 속상한 것도 속상한 거지만, 그보다 그렇게 하면 자신이 원하는 걸 엄마가 들어준다고 아이가 생각하게 될까 봐 걱정이네요.

게다가 충치까지 걸려서 요즘은 장 보러 가기가 무서울 정도입니다.

마트에 가면 과자를 사내라 떼쓰고, 길거리를 지날 때면 포장마차 앞에서 먹고 싶다 조르고, 장난감 가게를 그냥 지나치지 못하고, 책방에 가서도……, 아무튼 아이들은 툭하면 이거 사내라 저거 해 달라며 조르고 자신이 원하는 걸 들어줄 때까지 떼를 쓰곤 합니다.

정도의 차이는 있어도 떼쓰고 조르는 아이 때문에 곤란했던 경험이 누구에게나 있을 거예요.

물론 아이가 원하는 걸 들어주고 싶은 마음이야 있지만, 그렇다고 모든 걸 다 사줄 수는 없는 노릇이니 아이가 조금만 이해해 줬으면 싶겠지요.

그런데 아이는 아이다 보니 단순하게 '갖고 싶다. 그러니 사 달라'는 것이고, 엄마는 그럴 수 없는 입장이어서 결국은 떼를 쓰게 됩니다.

우리 아이가 떼쓰는 아이가 되지 않게 '갖고 싶다, 하고 싶다'고 하는 아이의 마음을 존중할 수 있도록 수첩 습관을 들여 보세요.

고민, 걱정

- 자기 눈에 들어온 것, 관심이 있는 것 전부를 갖고 싶다며 떼를 쓴다.
- 엄마가 자기 마음을 몰라준다며 불만이 가득하다.

수첩 활용법!

- '희망 사항' 목록

⬇

이렇게 바뀐다!

- '갖고 싶다, 하고 싶다'고 하는 지금의 마음을 받아들일 수 있다.
  - 수첩에 바라는 일, 원하는 것을 모아 둘 수 있다.

⬇

수첩에 모아 두었던 바라는 일, 원하는 것을 이루는 경험을 할 수 있다.

 바라는 일, 원하는 것을 수첩에 차곡차곡 모아간다

바라는 일이나 원하는 것을 붙임쪽지에 적어 '희망 사항' 목록(12쪽 참조)을 만듭니다.

처음에는 생각하는 것을 정리해서 써놓고, 그 후에는 떠오를 때 마다 바라는 일, 원하는 것을 붙임쪽지에 적어서 붙여 두는 것이죠.

지금까지는 아마도 "이거 갖고 싶어." 하면 "안 돼!" 하는 식이었 겠지만, 이제부터는 아이가 "이거 사줘요!" 하면 "그거 갖고 싶니? 그럼 잊어버리지 않게 쪽지에 적어서 수첩에 붙여 두렴!" 하고 희 망 사항 목록에 추가하도록 합니다.

그러면 그 자리에서 당장 사주지는 못하더라도 아이는 엄마가 자신의 마음을 존중한다고 생각합니다.

엄마는 아이가 즉흥적으로 떠올린 생각이나 갑자기 뭔가를 원하면 무심코 그 순간의 감정으로 '필요 없는 것이다' '살 수 없다' '안 된다'며 부정해버리기 쉽습니다. 부정하지 않고 그 마음을 수첩에 차곡차곡 모아두게 하면 아이는 엄마가 자신의 마음을 받아들여 줬다고 생각해서 수첩을 펴 보는 것이 즐거워집니다.

그리고 나중에 적어 놓은 목록을 보고 스스로 '그때는 갖고 싶었는데, 이제 필요 없을 깃 같다'는 생각을 하게 되넌 붙여두었넌 쪽지를 떼서 버리게 됩니다. 엄마가 안 된다고 해서 얻지 못한 것과 스스로 필요 없다고 생각해서 버리는 것은 결국 손에 넣지 못하는 것은 같아도 느낌이 상당히 다르니까요.

아이의 마음이 가득 들어가 있는 희망 사항 목록을 보면 아이가 무엇에 관심과 흥미가 있는지도 알 수 있으므로 아이와 더 많이 소통할 기회로 이어집니다.

크리스마스 선물이나 생일 선물을 고를 때, 여름 방학 여행지를 생각할 때, 아이 친구가 놀러 오기로 해서 간식거리를 사야 할 때 등 이 목록 안에서 골라 아이의 마음을 이뤄준다면 더욱 신나겠지요.

After ∨ 군은 수첩을 이렇게 사용했다!

희망 사항 목록을 활용.
일주일에 한 번 원하는 것을 사러 가기로 규칙을 정함.

수첩을 준비해 아들이 좋아하는 캐릭터 편지지를 끼워 희망 사항 목록을 만들었습니다.

"매일 과자 먹으면 충치에 걸리니까 일주일에 한 번 사러 가자."고 대화를 통해 결정했어요.

요일 감각은 아직 없는 것 같아 일주일에 한 번 가는 취미교실에서 돌아올 때 딱 하나 원하는 과자를 사 오기로 했습니다.

다른 날은 마트에 가더라도 취미교실에 다녀오는 날 살 과자를 미리 둘러보고 아이가 찜한 것을 그 자리에서 붙임쪽지에 적어 집으로 돌아오면 바로 수첩에 붙입니다.

처음에는 붙임쪽지에 적어도 "지금 사 달라!"며 떼를 썼지만, "엄마랑 얘기해서 정한 규칙이잖아!" 하고 끈기 있게 설득했습니다.

원하는 것이 많이 쌓이면 "오늘은 어느 게 좋을까?" 하고 수첩을 보면서 고민하는 것도 즐거운 모양입니다. 매일 희망 사항 목록을 보면서 "이번엔 뭘 살까?" 하며 사러 가는 날을 손꼽아 기다립니다.

지금까지 사달라며 울고불고 떼쓰고 안 된다며 야단치던 일의 반복이었는데 무조건 "안 돼!"라고만 했던 나 자신을 반성하게 되더라고요.

이제는 사달라고 하면 수첩에 적어두자고 하는 상황에 아이도 익숙해졌습니다. 저는 저대로 아이의 마음을 부정하지 않아서 좋고 아이도 예전처럼 떼쓰지 않아 함께 장보러 가는 일이 즐거워졌어요.

갖고 싶다, 가고 싶다는 아이의 마음을 부정하지 말고 원하는 것을 적어 두도록
하여 그 마음을 받아들여 준다.

225

Before

"와~! 이거 정말 귀엽다. 엄마 나 이거 사 줘!" "아~, 여기 가고 싶다!" "맛있겠다! 먹어 보고 싶은데~~" 하며 이것저것에 흥미를 보이는 딸아이. 그 모든 걸 맞춰 줄 수는 없으므로 "다음에 사 줄게." 하는 식으로 애매하게 대응합니다. 그러면 딸아이는 "맨날 말만 하고 결국 안 사주잖아(안 데려가 주잖아)!"라며 화를 냅니다.

수첩을 이렇게 사용했다!

희망 사항 목록에 바라는 일, 원하는 것을 써넣은 붙임쪽지를 붙여
때때로 함께 그것을 보면서 대화.

After

희망 사항 목록을 준비해 "엄마는 네가 말 한 걸 금방 잊어버리니까 가고 싶은 곳이나 원하는 것은 잊어버리지 않도록 여기에 적어

두자."고 말했습니다.

처음에는 지금 현재 생각나는 것을 모두 적어 보기로 했지요. 그렇게 적어 나가는 아이의 모습을 보면서 딸아이가 '이런 생각을 하고 있구나!' 하는 걸 알게 되었어요.

가족끼리 외출할 때도 그냥 적당히 아무 데나 가는 것보다 수첩에 붙여둔 '아이가 전부터 가보고 싶어 했던 곳'을 찾아가는 편이 아이의 만족도가 높은 것 같습니다.

아이는 목록을 보면서 "이건 이제 됐어!" 하며 자신이 붙여 놓은 쪽지를 떼서 버리기도 하고, "여긴 꼭 가보고 싶으니까 데려가 주세요!" 하고 부탁하기도 합니다.

전에는 말로만 하다 보니 다투게 되는 일이 많았는데, 변한 아이의 모습을 보면서 애매하게 얼버무리며 대응했던 나를 반성하게 되더군요.

여름방학이 끝나기 직전에야
허둥지둥!

Before

초등학교 2학년 X 군 사례

작년 여름방학 때 매일 "숙제는 했니? 괜찮은 거야?" 하고 확인하면 "괜찮아! 했어." 하고 대답해서 그 말을 그대로 믿었었죠.

책상 앞에 앉아 있는 모습도 보이기에 안심하고 있었는데, 여름방학이 끝날 때쯤 되자 자유 탐구 과제와 매일 써야 하는 한 줄 일기를 안 해놓고 있었더라고요. 울고 불고하면서 40일 치 일기를 마지막 날에야 쓰더군요.

올 여름방학은 제대로 계획을 세워 마지막 날에 허둥대는 일이 없도록 했으면 좋겠습니다.

여름방학 중에 틈틈이 확인하고 조언해도 숙제를 전혀 안 해 놓은 상황이 종종 보입니다.

엄마는 경험을 해봤으니 방학이 끝날 때쯤이면 엄청 힘들 수 있다는 걸 예상하여 숙제 먼저 해놓으라며 잔소리하게 되지요.

아이 자신도 숙제해야 한다는 생각을 합니다. 그런데 약 40일이라는 긴 시간이 있으니 어떻게든 되겠지 하고 낙관적으로 생각하게 되죠. 게다가 엄마가 매일같이 숙제하라고 다그치면 오히려 더 하기 싫어지고 의욕을 잃는 경우도 있습니다.

엄마와 아이가 함께 여름방학의 전반을 파악해 숙제도 하면서 실컷 놀기도 하는 등 균형 있는 여름방학을 보낼 수 있도록 수첩을 활용해 보세요.

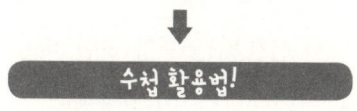

고민, 걱정

- 숙제가 가능한 시간이 얼마나 되는지 파악하지 못한다.
- 숙제의 전체상을 모른다.

↓

수첩 활용법!

- 주간 계획표

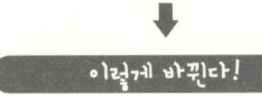

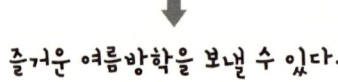

- 여름 방학 전반을 예측하여 계획을 세울 수 있다.
- 정해진 일정도 확실히 파악하고, 숙제도 계획대로 실행할 수 있다.

즐거운 여름방학을 보낼 수 있다.

✏️ 여름방학 계획 세우기

여름방학은 '주간 계획표'를 사용하면 좋습니다(9쪽 참조). 가능하면 방학이 시작되기 전에 엄마와 아이가 함께 이미 정해진 여행이나 학원, 숙제 전반에 관해서 얘기를 나눕니다.

❶ 주간 계획표에 예정된 일정을 기재

숙제할 시간이 언제, 얼마만큼 되는지 파악하기 위해 맨 먼저 '숙제할 수 없는 시간 = 예정된 일정이 있는 시간'을 파악합니다.

여행 일정, 학교에서 진행하는 수영 교실, 학원 등과 같이 정해진 일정을 직접 수첩에 써넣습니다. 먼저 움직일 수 없는 고정된 일정을 분명하게 파악해 놓지 않으면 계획을 짤 수가 없으니까요.

그 밖에 목욕하기, 밥 먹기 등과 같은 일상적인 할 일을 하는 시간도 확보합니다. 물론 이런 시간은 몇 시부터 몇 시까지라고 명확하게 시간이 정해진 것이 아니므로 사전에 정해 두기는 어렵겠지요. 여기서는 확실하게 시간을 정해 두는 것이 목적이 아니라 하루 중 어느 시간대에 어느 정도의 할 일이 채워져 있는지, 즉 숙제할 수 없는 시간이 어느 정도인지 알면 됩니다.

이때 명심해야 할 점은 아이가 보고 싶어 하는 TV 프로그램 시간도 염두에 두어야 한다는 사실입니다. 아이에게 TV 시청은 중요한 일과이므로 꼭 보는 프로그램이 있다면 수첩에 적어 시간을 확보해 두세요. 이 시간대는 다른 할 일이 있어 숙제할 수 없다는 것을 알 수 있도록 시간대를 사각으로 테두리 쳐주면 좋습니다.

이런 예정된 일정을 기재할 때는 색깔로 구분해두면 아이가 쉽게 알 수 있습니다.

예를 들어 여행 등 가족끼리 함께 할 일정은 파란색, 학원이나 방과후 교실에 가는 일정은 빨간색, 밥 먹기나 목욕하기와 같은 일상적인 할 일은 노란색과 같이 말이에요.

❷ 숙제, 할 일을 붙임쪽지에 기재

다음으로 여름방학 숙제의 양이 어느 정도인지 아이에게 물어보거나 학교 알림장을 보면서 확인합니다. 숙제의 전모가 밝혀진 것

231

부터 붙임쪽지에 적어 봅니다.

이때 붙임쪽지는 '3M(쓰리엠)견출지'를 추천합니다. 작고 점착력도 강해서 여러 번 떼었다 붙였다 해도 쉽게 분실되지 않습니다.

먼저 숙제 내용을 붙임쪽지에 씁니다.

포인트는 세분화입니다. 계획을 세우기 쉽도록 상세하게 구분해 쓰세요.

〈예〉

✘ '수학 연습' '국어 연습' '그림일기 2장'

◯ '수학 연습 P1' '수학 연습 P2' ······

　'국어 연습 P1' '국어 연습 P2' ······

　'그림일기 1, 그림 그리기' '그림일기 1, 문장 쓰기'

　'그림일기 2, 그림 그리기' ······

숙제 중에 '자유 탐구 과제' '독후감 쓰기'는 규모가 크다고 할 수 있지요. 어떻게 시작해야 좋을지 몰라 나중으로 미루는 아이도 많습니다.

어떤 순서로 진행하면 좋을지 세세하게 작업을 나눠 기재합니다.

〈예〉 **독후감 쓰기의 경우**

- **도서관에 가서 책 빌려오기**

- **책 읽기**

- **초벌 쓰기**

- **정식으로 쓰기**

이렇게만 해도 네 가지로 나눌 수 있습니다. 여기에 책을 읽는 데 사흘이 걸린다면 '책 읽기 1' '책 읽기 2' '책 읽기 3'과 같이 나눌 수 있지요.

초등학교에 입학해서 처음으로 큰 숙제를 하는 아이에게는 할 일을 나눠 생각하는 것이 어려울 수 있습니다.

엄마가 질문해서 아이가 숙제를 완성하기까지 흐름을 머릿속에 그려 보도록 합니다.

이를테면 "독후감 쓰려면 뭐부터 해야 할까?" "책을 다 읽으면 다음은 무엇을 해야 하지?" 하는 식으로요.

세분화할 때는 붙임쪽지 한 개 당 최대 30분 안에 마칠 수 있는 일로 나누어 적습니다. 아이가 집중할 수 있는 시간은 나이나 개인 차가 있어서 15분 단위로 나누는 편이 좋은 아이도 있습니다. 아이가 집중할 수 있는 양에 맞춰주면 계획대로 수월하게 진행됩니다. 또 나눠서 적어 놓은 것을 여러 개 합쳐서 할 수도 있고요.

초등학교 고학년이 되면 숙제의 양도 늘어납니다. 게다가 학원 숙제도 있지요. 연습문제 풀이 1페이지마다 붙임쪽지 하나를 쓰다가는 터무니없을 정도로 양이 많아질 수도 있습니다.

그럴 때는 하루 분량의 숙제를 붙임쪽지에 적어주는 방법도 있습니다.

앞서 ①단계에서 예정된 일정이 있는 시간을 제외하고 숙제할 수 있는 날이 며칠인지를 세어 봅니다(여름방학 40일-여행 등으로 숙제할 수 없는 날 15일=숙제할 수 있는 날 25일).

연습 문제지 장수를 숙제 가능한 일수로 나누면 하루에 몇 페이지씩 해야 하는지 알 수 있습니다(연습 문제지 250쪽÷숙제할 수 있는 날 25일=10쪽/1일).

이렇게 계산한 내용을 붙임쪽지에 기재합니다.

'문제풀이 1~10쪽' '문제풀이 11~20쪽'과 같은 식으로요.

이 숙제의 양을 파악하여 붙임쪽지에 내용을 기재하는 작업은 상당한 시간과 수고가 듭니다. 모든 숙제를 파악해서 1회에 가능한 양을 생각한 후 붙임쪽지 여러 장에 적는 일은 결코 쉬운 일이 아니죠.

하지만 이 작업이 매우 중요합니다. 이런 과정을 통해 아이 자신이 모든 숙제를 파악하게 되므로 숙제를 어떻게 해야 하는지 모른 채 지내다가 여름방학 마지막 날이 되어서야 허겁지겁 무슨 숙제가 있는지 보는 최악의 상황을 피할 수 있습니다.

조그만 붙임쪽지에 글자를 써넣기는 쉽지 않은 일이므로 엄마가 대신 써줘도 좋습니다. 대신 아이와 함께 숙제를 일일이 확인합니다.

다 적어 놓으면 그 많은 양의 붙임쪽지를 본 아이가 이렇게나 많은 숙제를 어떻게 다 하냐는 생각을 할지도 모릅니다. 하지만 적으나 안 적으나 해야 할 숙제의 양은 달라지지 않습니다. 모른 척 하다가 여름방학이 끝날 때 다 되어서야 허둥대지 않도록 미리 확인하여 확실하게 계획을 세우세요.

❸ 계획 세우기

정해진 일정과 숙제를 다 적었다면 이제 계획을 세울 차례입니다.

계획을 세울 때 꼭 하실 일이 '럭키 타임 설정하기'입니다. 이것은 계획이 무너지지 않도록 하기 위한 중요한 포인트입니다.

'럭키 타임'은 '정해진 일정은 없지만, 숙제를 안 해도 좋은 시간'을 말합니다.

숙제를 안 해도 되니 럭키 타임이죠. 하지만 계획한 대로 숙제가 진행되지 않았을 때는 이 시간을 이용하면 된다는 의미에서 '럭키 타임'이라고 부릅니다.

주간 계획표에서 일정이 없는 시간에 전부 숙제하기를 채워 놓는다면 어떻게 될까요?

계획대로 진행되지 않은 날이 하루라도 있으면 그 이후의 숙제는 점점 뒤로 미뤄지고 엄청난 상황이 되겠죠. 갑자기 친구랑 약속하거나 몸 상태가 나빠서 숙제를 못 하는 날이 있을 수도 있으니까요.

그런 때를 대비해서 사전에 럭키 타임을 설정해 두면 좋습니다.

럭키 타임은 일주일에 한 번꼴이나 열흘에 한 번꼴로 정기적으로 설정합니다.

너무 많이 설정하면 숙제할 수 있는 날이 적어지므로 하루에 해야 할 숙제 양이 많아집니다. 반대로 너무 적으면 계획대로 숙제를 못 했을 때 조정하기가 어렵습니다. 숙제의 양과 가능한 날을 확인하여 적당한 시간대에 럭키 타임을 설정해 주세요.

럭키 타임은 다른 고정 일정과 마찬가지로 '이날은 럭키 타임이니 숙제 붙임쪽지를 안 붙인다'는 것을 명확히 알 수 있도록 주간 계획표에 직접 적어 사각 테두리를 칩니다.

럭키 타임을 설정했다면 ①단계에서 작업해 놓은 주간 계획표의 빈 시간에 ②단계에서 작업한 숙제 붙임쪽지를 붙여 계획을 세웁니다.

③단계에서 테두리 쳐놓은 럭키 타임에는 아무것도 붙이지 마

세요.

빈 시간이 얼마나 있는지 확인하면서 너무 꽉꽉 채우지 않도록 주의하여 붙여 나갑니다.

아이 본인이 어느 시간대에 무엇을 할 것인지 스스로 생각해서 붙임쪽지를 붙이도록 해주세요. 아이는 엄마가 보기에는 말도 안 되는 계획을 세우기도 하지만, 스스로 계획을 세워 실행한다는 경험이 무엇보다 중요합니다.

한 번 계획을 세워 잘 안 되면 다시 계획을 수정할 수 있으므로 일단은 아이를 믿고 맡겨 보시기 바랍니다.

✏ 수첩을 토대로 방학을 보낸다

여름방학에는 수첩이 대활약합니다.

완성한 일정을 보면서 확인 → 계획 → 실행 → 되돌아보기의 순서로 활용해 나갑니다.

여름방학이라 등교 준비 등을 할 필요가 없어도 매일 아이와 함께 수첩 미팅을 하시기 바랍니다.

여름방학 동안은 평소 학교 가는 날과는 정해진 일정이나 일과가 다르므로 수첩 미팅이 특히 더 중요합니다. 내일은 어떤 일정이 있고, 숙제는 무엇을 해야 하는지 확인하도록 해주세요.

여름방학에는 생활이 불규칙해지기 쉬우므로 아침에 일어나면 다시 한 번 수첩을 펴서 오늘 하루의 일정을 확인하는 게 좋습니다.

그리고 낮에는 계획대로 주간 계획표를 보면서 차례로 할 일을 합니다. 학교에서 진행하는 수영 교실에도 가고 숙제도 하면서 계획을 하나씩 실행해 가는 것이죠.

그렇게 하다 보면 아이도 자신이 해야 할 일이 파악되니 숙제도 확실하게 할 수 있게 됩니다.

엄마의 가장 큰 걱정거리인 숙제도 수첩을 보면 어느 정도 했는지, 어느 정도 남았는지 알 수 있습니다. "잘하고 있니? 정말 괜찮은 거야?" 하고 몇 번이고 물으면서 확인할 필요가 없습니다.

매일 수첩 미팅을 할 때 수첩을 보고 확인하거나 그래도 좀 걱정이 될 때는 "엄마가 수첩 좀 봐도 될까?" 하고 아이에게 허락을 구해 수첩을 보면 진척 상황을 확인할 수 있습니다.

저녁 수첩 미팅 시간에는 오늘 하루를 되돌아보는 시간을 꼭 가져 주세요.

계획대로 못한 숙제가 있다면 다음 럭키 타임으로 이동시킵니다. 다 하지 못해서 남는 숙제가 많거나 갑자기 여행을 떠나게 되어 숙제할 수 있는 날이 줄거나 처음에 세운 계획대로 진행되지 않아서 이대로는 끝내지 못할 것 같으면 가능한 한 빨리 아이에게 계획을 수정하도록 제안해 주세요. 열흘에 한 번꼴로 점검하는 시간을 가지면 좋습니다.

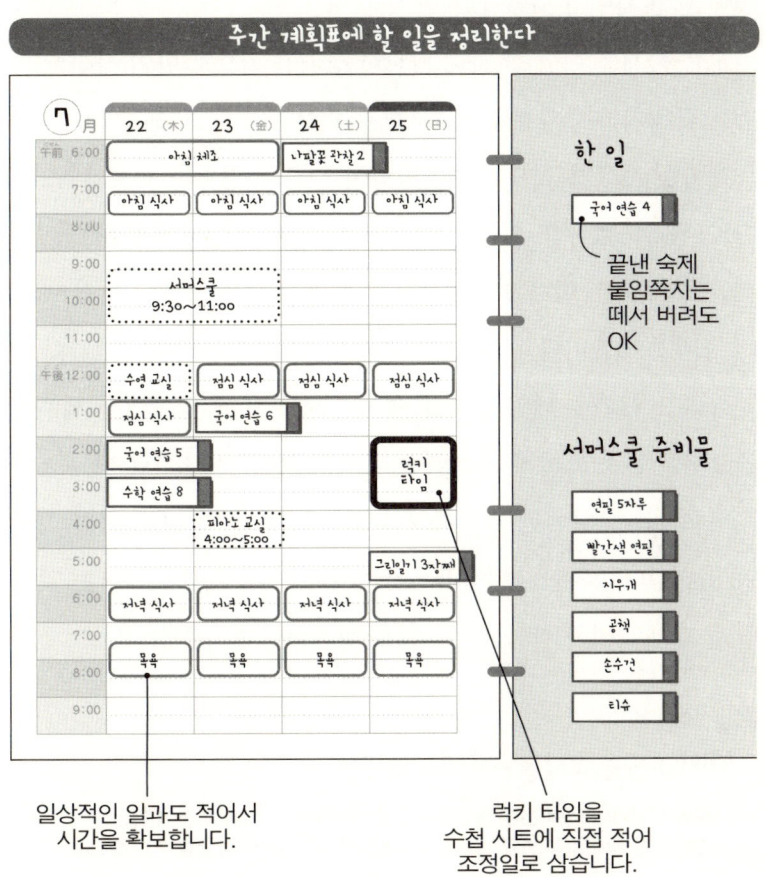

주간 계획표에 할 일을 정리한다

일상적인 일과도 적어서 시간을 확보합니다.

럭키 타임을 수첩 시트에 직접 적어 조정일로 삼습니다.

239

"이렇게 번거로운 계획을 세울 시간이 있다면 숙제를 하나라도 더 하는 편이 낫지 않냐?"고 생각하는 분도 계실지 모르겠네요.

얼핏 보기에는 멀리 돌아가는 것처럼 느껴져도 계획을 세우는 데 하루가 걸리든 이틀이 걸리든 계획을 세우는 것과 세우지 않는 것에는 큰 차이가 나타납니다.

모든 숙제를 이미 한 차례 파악한 상태가 되므로 아이 자신도 숙제를 끝내기까지 과정을 머릿속에 그려보기가 쉬워지니까요.

계획을 세우기 전에는 여름방학이 길므로 언제든 숙제할 수 있다고 생각하겠지만, 일정을 짜보면 의외로 시간이 없음을 아이도 깨닫게 되므로, 엄마가 "숙제해라!"라고 말하는 것보다 몇십 배는 더 효과가 있습니다.

그리고 계획을 세워 실제로 숙제를 해내게 되면 계획을 세우는 중요성을 몸소 느끼게 되고 스스로 하는 경험치도 쌓입니다.

초등학교 동안에만도 여름방학 계획을 짜는 데 여섯 번의 기회가 있습니다. 계획을 짜서 생활하는 편리함을 몸소 느껴보는 것은 장래 자기 관리를 잘하는 어른으로 성장하는 첫걸음입니다.

After X 군은 수첩을 이렇게 사용했다!

숙제를 세세하게 나눠 전부 붙임쪽지에 적어서 주간 계획표에 붙여 완성.
여름방학 첫날에 자유 탐구 과제의 주제를 생각해 어떻게 실행할 것인지 계획.

숙제를 세세하게 붙임쪽지에 적어 시간을 배분했더니 계획적으로 숙제를 진행할 수 있었습니다.

매일 "숙제는 했니?"라는 말을 하지 않아도 아이가 알아서 수첩을 보면서 하더군요.

작년에 전혀 해놓지 않았던 '한 줄 일기'는 40일 분량을 전부 하나하나 붙임쪽지에 적어 계획표에 붙여 놓고 마치면 옆 페이지로 옮겨 붙이더군요.

일기를 못 쓴 날은 다음 날에 이틀 치를 쓰기도 하고 사흘 치를 한꺼번에 쓰는 날도 있었지만, 마지막 날까지 미뤄 놓지는 않아 다행이다 싶었습니다.

자유 탐구 과제는 주제를 정하지 않으면 진행이 안 되므로 여름방학 첫날에 아빠와 함께 무엇을 할 것인지 생각하더니 페트병으로 저금통 만들기로 정하고는 아빠가 쉬는 날 집중해서 함께 만들자고 계획을 세워 아무 탈 없이 일찍 마칠 수 있었습니다.

작년 여름방학에는 아이가 숙제를 무사히 해낼지 너무 걱정되어서 게임을 하는 모습만 보이면 게임 그만하고 숙제하라며 매일 '숙제! 숙제!'를 입에 달고 지냈어요.

아이 자신도 그렇지만, 엄마인 저도 숙제 전반 상황을 모르는 채 그저 숙제하라고 다그치기만 했던 것 같습니다.

올 여름방학에는 모든 숙제를 붙임쪽지에 적어 계획을 세웠더니 아이는 물론이고 저도 아이의 숙제 내용이 파악되더군요. 그래서인지 아이가 게임을 하더라도 "오늘 숙제는 전부 마쳤어요!" 하고 말하면 "게임 좀 하게 놔두지 뭐~!" 하는 마음이 들더군요.

숙제가 끝나면 붙임쪽지를 떼서 버려도 좋다고 했더니 '얼른 모든 숙제를 끝내고 실컷 놀아야지' 하는 마음에 결국 예상했던 것보다 일찍 숙제를 마치더라고요.

솔직히 모든 숙제를 붙임쪽지에 적는 작업은 힘들었습니다. 그런데 매일 일하러 나가느라 아이 숙제가 걱정되어서 잔소리했던 작년과는 달리 진척 상황도 눈에 보여 안심이 되더군요.

또 계획을 세우면서 아이와 진지하게 마주할 수 있었어요. 매일 곁에서 지켜봐 주지 못하는 미안함도 조금은 덜어져 계획 세우기를 잘했다는 생각이 들었습니다.

●

POINT

숙제를 붙임쪽지에 모두 적고 럭키 타임을 설정하여 무리 없는 계획을 세운다.

★ 5장 ★

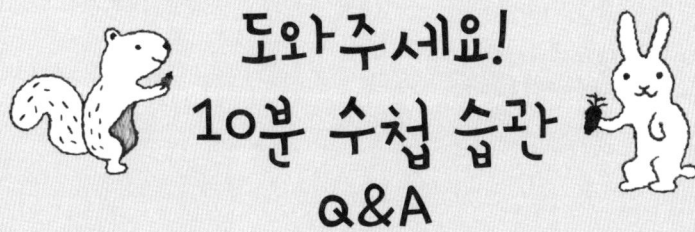

도와주세요!
10분 수첩 습관
Q&A

수첩에 쓰어 있는데
잊어버려요

Q (초등학교 1학년 남자아이) 일일 계획표를 준비해서 학교에서 돌아온 후에 할 일을 전부 적어 보았습니다. 미리 정해진 일정은 월간 계획표에도 표시해 두었습니다. 그런데 그것을 잊어버리고 친구와 약속하고 오거나 할 일을 안 하고 게임만 하니 어쩌면 좋을지 모르겠네요.

A 모처럼 수첩을 준비했으니 잊어버리지 말고 혼자서도 잘 해줬으면 싶겠지요. 준비는 되었으니 이제 수첩을 펴서 보기만 하면 할 일을 떠올릴 수 있습니다.

　가장 중요한 것은 반드시 전날 수첩 미팅을 하는 것입니다.

5분이라도 좋습니다. 아이와 함께 수첩을 보면서 내일 일정과 할 일을 확인하는 작업을 꼭 습관화해주세요. 그렇게만 해도 '깜빡했다!'고 하는 일이 확 줄어듭니다.

그래도 아이가 할 일을 잊어버리는 것 같다면 "수첩을 보렴!" 하고 부드럽게 말하여 수첩을 펴 보도록 다독입니다.

그러려면 '수첩을 바로바로 펴 볼 수 있는 장소에 두는' 것도 중요하겠죠. 수첩을 정해 놓은 장소에 두고 아이가 "이제 뭘 해야 하나?" 싶을 때 바로 수첩을 펴 볼 수 있도록 합니다. 아이가 거실에 있을 때는 거실 탁자 위에 두고, 자기 방에 있을 때는 책상 위에 두는 식으로 몇 군데 수첩 두는 장소를 정해 놓으면 좋습니다.

●
POINT
수첩은 바로 확인할 수 있는 장소에 두고, 수첩 미팅을 통해 미리 정해진 일정을 확인할 수 있도록 한다.

아이가 수첩을 펴 보려고
하지 않아요

Q (초등학교 4학년 여자아이) 하루 10분 수첩을 만들었습니다. 아이가 좋아하는 것도 많이 끼워 넣어 봤지만, 그래도 아이가 수첩을 전혀 펴 보려고 하지 않네요. 어떻게 하면 좋을까요?

A 모처럼 수첩을 만들었는데 아이가 관심을 보이지 않는다니 속상하시겠어요. 그런데 그 수첩, 정말로 아이의 의견을 담아서 만들었나요?

엄마로서는 아이를 위해 조금이라도 도움이 되었으면, 스스로 깨달았으면 하는 마음을 담아 만들었겠지만, 아이 본인이 수첩의 필요성을 못 느끼면 관심을 보이지 않습니다.

"엄마가 애써 만들었는데 좀 사용해 보자!"는 마음은 충분히 이해하지만, 처음부터 다시 할 것을 권합니다.

수첩 속 내용물을 전부 없애고 1단계(45쪽 참조)에서 소개한 아이가 좋아하는 것을 끼워 넣는 것에서부터 시작하세요.

"지금도 아이가 좋아하는 것은 충분히 넣어 놨다."고 생각하실지 모르겠지만, 아이가 관심을 보이지 않는다면 뭔가를 바꿔 보는 것이 좋습니다.

처음부터 싹 새롭게 다시 꾸미는 것만으로도 아이에게는 충분한 리뉴얼이 되어 마음이 바뀔지도 모르니까요. 큰 부담 없이 할 수 있는 일이므로 한 번쯤 시도해 보셨으면 합니다.

●
POINT
엄마가 만든 수첩, 엄마가 바라는 것을 강요한다면 아이는 즐겁지 않다!

미리 정해진 일정
써넣는 것을 깜빡해요

Q (초등학교 3학년 남자아이) 우리 아이는 즐겁게 수첩을 사용하고 있습니다. 자신의 일정을 확인하거나 좋아하는 것을 끼워 넣어 매일 수차례 펼쳐 보곤 합니다.

그런데 제가 무심코 다음 달 월간 계획표를 준비하는 것을 잊거나 일정 써넣는 것을 깜빡해서 아이가 "빨리 만들어 달라!"며 화를 내네요. 아이는 수첩에 관심을 보이는데 엄마인 나 때문에 계속 이어지지 않아서 곤란한 상황입니다.

A 아이가 관심을 보인다니 이대로 쭉 즐겁게 활용해 갔으면 싶네요.

그런데 아이의 수첩이라고는 해도 아직은 엄마가 도와주지 않으면 계속 사용하기 어려울 수 있으니 꼭 도와주시기를 바라요.

바빠서 신경 쓸 틈이 없다거나 깜빡하고 잊어버렸다면 이미 있는 일정표를 활용해 보세요.

유치원이나 초등학교에서 월간 일정표를 나눠주지 않는지요? 만일 그런 게 있다면 거기에 구멍을 뚫어 수첩에 끼워 주면 됩니다. 그러면 일정을 하나하나 적지 않아도 되므로 충분히 시간을 단축할 수 있습니다.

그 일정표에 학원이나 취미교실 가는 날, 가족의 일정을 추가로 적어 주면 여러 가지 일정을 한데 정리할 수 있습니다.

'하나에서부터 열까지 전부 직접 적어야 한다'는 생각에 나중으로 미루게 되거나 깜빡하는 거라면 가지고 있는 것을 활용해서 계속 사용해 나갈 수 있도록 합니다.

POINT

무리하지 않고 계속 사용할 수 있도록 학교(유치원)에서 나눠준 일정표 등 이미 있는 것을 활용한다.

잔소리가
나올 것만 같아요

Q (초등학교 3학년 여자아이) 할 일을 전부 수첩에 적어 놨으니 이제 본인이 하려는 마음을 먹어주기만 하면 된다고 생각했는데, 전혀 하려고 하지 않는 모습을 볼 때마다 잔소리가 나올 것만 같습니다. 그럴 때는 어떻게 하면 좋을까요?

A 잔소리하지 않으려고 수첩을 만들었는데 자주적으로 하려고 하지 않는 아이를 보면 또 답답해지기도 하겠지요. 하지만 모처럼 수첩을 만들었으니 엄마는 아이에게 잔소리하지 말고, 수첩이 할 일을 지시하도록 수첩에 맡겨 보세요. 엄마는 신호만 주면 됩니다.

웃는 얼굴로 부드럽게 "수첩을 보렴!" 하고 말이죠.

물론 아이가 스스로 수첩을 보면서 할 일을 해주면 더 바랄 나위 없이 좋겠지만, 아직 습관처럼 몸에 배지 않은 단계라면 "수첩을 보렴!" 하는 신호와 함께 상냥하게 다독여 주시기 바랍니다.

그렇게 해서 아이가 수첩을 보고 할 일을 떠올려 실행했다면 그것은 '스스로 해냈다'고 하는 작은 성공체험이 됩니다.

실제로는 엄마가 수첩을 열어 보도록 재촉해서 한 것이니 결과적으로 스스로 한 것이 아닐 수도 있으나 아이 입장에서는 잔소리 듣고 하는 것보다 훨씬 낫지 않을까요?

처음부터 모든 일을 스스로 알아서 하기는 어려우므로 서서히 혼자서 해낼 수 있도록 해나갑니다.

POINT
하루 10분 수첩 습관에서 중요한 신호는 바로 웃는 얼굴로 "수첩을 보렴!" 하는 말이다.

붙임쪽지가
너무 많아요

Q (초등학교 2학년 남자아이) 할 일을 '가시화'해야 한다고 해서 전부
세세하게 적어 보았습니다.

그랬더니 할 일이 너무 많아 일일 계획표에 다 붙일 수가 없네
요. 게다가 아이는 할 일이 꽉꽉 적힌 것을 보고는 기겁했는지 전
혀 수첩을 보려고 하지 않아 고민입니다.

A 할 일을 전부 적어서 '가시화'하는 것은 좋습니다. 매일 아
이가 많은 것을 하고 있다는 것을 알게 되었으리라 생각해요. 그래
서 이 작업이 중요하다는 얘기지요.

그런데 이렇게 열심히 적어 놓은 할 일을 전부 꼭 일일 계획표에

붙이지 않아도 상관없습니다.

할 일이 꽉꽉 채워진 일일 계획표는 아이에게 할 일이 많다는 인상을 심어 주어 아이의 의욕을 떨어뜨릴 수 있습니다. 일일 계획표 한 장에 붙이는 붙임쪽지의 수량은 나이에 상관없이 10장 정도를 권합니다.

그리고 일일 계획표 한 장에 하루의 생활을 전부 담기보다 '오전' '오후'로 나누거나 '준비물 시트'를 따로 마련하여 시트 한 장에 붙이는 붙임쪽지의 양을 줄이는 궁리가 필요합니다.

예를 들어 할 일을 적은 붙임쪽지가 30장이라고 할 때 A5 크기 종이 한 장에 30장을 전부 빽빽이 붙이는 것과 A5 크기 종이 세 장에 붙임쪽지를 10장씩 나눠 붙이는 것은 보기에도 느낌이 확 다릅니다.

그런데도 아이가 시트의 수가 너무 많아서 "이렇게 많은 걸 어떻게 다 해?"라며 싫어한다면 시트 하나만 남겨 놓고 나머지는 다 치워버리세요. 예를 들어 '아침에 일어나면' 할 일을 작성해 놓은 시트 하나에 집중하여 그것만이라도 확실하게 실천하도록 합니다.

서두르지 말고 천천히 한 걸음씩 나아가 보시기 바랍니다.

그리고 '의욕을 불러일으키는 양'은 단순히 장수의 문제만은 아니며 질도 중요합니다.

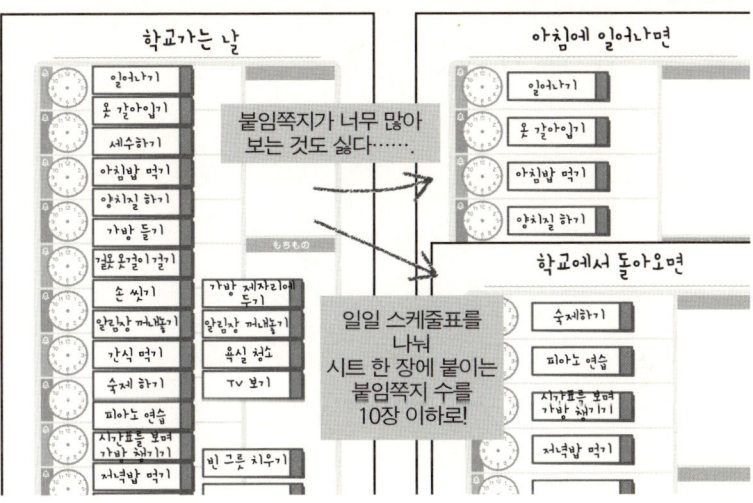

일일 계획표 나누는 방법

학교가는 날

- 일어나기
- 옷 갈아입기
- 세수하기
- 아침밥 먹기
- 양치질 하기
- 가방 들기
- 걸음옷걸이걸기
- 손 씻기
- 알림장 꺼내놓기
- 간식 먹기
- 숙제 하기
- 피아노 연습
- 시간표를 보며 가방 챙기기
- 저녁밥 먹기

- 가방 제자리에 두기
- 알림장 꺼내놓기
- 욕실 청소
- TV 보기
- 빈 그릇 치우기

붙임쪽지가 너무 많아 보는 것도 싫다……

일일 스케줄표를 나눠 시트 한 장에 붙이는 붙임쪽지 수를 10장 이하로!

아침에 일어나면

- 일어나기
- 옷 갈아입기
- 아침밥 먹기
- 양치질 하기

학교에서 돌아오면

- 숙제하기
- 피아노 연습
- 시간표를 보며 가방 챙기기
- 저녁밥 먹기

한 장의 종이 안에는 이미 실천하고 있는 일 70퍼센트, 앞으로 열심히 도전할 일 30퍼센트 정도의 비율로 구성해 줍니다. 할 수 있는 일이 하나 늘어나면 다시 새로운 할 일을 추가하는 형태로 서서히 단계를 높여갑니다.

POINT

일일 계획표를 여러 장 준비해서 겉으로 보기에도 단순하고 깔끔하게 만든다.

255

적을 일정이 없어요

Q (유치원 3~4세 반 남자아이) 수첩을 사용해 시간 관리하는 습관을 몸에 배게 하고 싶지만, 학원이나 취미교실에 다니지도 않아 수첩에 적어 넣을 만큼의 일정이 없습니다. 아직 시작하기에는 이른가요?

A 하루 10분 수첩 습관은 나이나 그 아이의 관심사에 맞춰 시작할 수 있으므로 시작하기에 '이르다' '늦었다'는 없다고 봅니다. 아이가 관심을 보이면 시작해 보세요.

먼저 수첩이라는 아이템에 익숙해지는 것, 흥미를 느끼고 좋아하게 되는 것부터가 시작입니다. 자세한 내용은 2장을 참고하시기 바랍니다.

자기 관리 능력은 당장에 몸에 배는 것이 아닙니다. 일정이 많고 할 일이 많아져서 수첩을 사용해서 어떻게든 해볼까 한다고 해서 바로 해결되는 것도 아니고요. 어차피 언제인가는 꼭 필요할 날이 올 테니 지금부터 준비해두는 것도 나쁘지 않습니다.

그리고 많은 분이 '수첩=일정을 관리하는 것'이라고 생각해서 '일정이 없다=수첩이 필요하지 않다'고 생각하는 것 같은데 수첩은 일정 관리뿐 아니라 시간 관리에도 도움이 됩니다.

또 '일정 관리=시간 관리'라고 생각하는 분도 많은데 일정 관리와 시간 관리는 다릅니다. 아이에게는 일정 관리보다 시간 관리 차원에서 필요할지도 모르겠군요.

일정 관리의 '일정'은 누군가와의 약속이나 자신이 어떻게 할 수 없는 정해진 것입니다. 아이의 일정이라면 학교의 행사나 등하교 시각, 학원 또는 취미교실 활동이나 치과 진료, 친구와의 약속 등이 일정이고, 이것을 관리하는 것이 일정 관리입니다.

시간 관리는 '시간 사용법 관리'로 바꿔 말할 수 있습니다. 즉 '언제, 어떤 타이밍에 무엇을 할 것이냐'를 관리하는 것이지요.

밥을 먹는다, 치과에 간다, 옷을 갈아입는다, 숙제한다, 게임을 한다, 목욕한다 등등 할 일을 관리하는 것이 시간 관리입니다.

아이의 경우 일정이 많지 않을 수는 있지만, 매일 해야 하는 일은 여러 가지가 있습니다. 이런 '할 일'을 언제 어떤 순서로 할 것인지 생각해서 실행할 수 있게 하는 것이 바로 '하루 10분 수첩 습관'입니다.

특히 열 살 정도까지는 생활습관을 익혀야 하는 시기입니다.

아침에 일어나서 집을 나서기까지 할 일, 집에 돌아와서 잠자리에 들기 전까지 할 일, 심부름이나 집안일 돕기와 같은 생활습관을 익히고 더불어 '수첩을 보고 실천하는' 경험을 매일 반복함으로써 결과적으로 시간 관리를 익힐 수 있습니다.

미취학 아동이라면 처음부터 많은 것을 하려 하지 말고 일단 아침에 일어나기, 화장실 다녀오기, 손 씻기 등과 같은 기본적인 습관을 익히기 위한 목적으로 수첩을 사용해 보세요.

생활습관을 익힐 때도 부모가 일일이 말로 시키는 것보다 적어놓은 것을 보고 하는 편이 이해하기 쉬워서 아이가 기억하기도 쉽고 빨리 습득합니다.

그것을 반복하여 결과적으로 시간 관리, 자기 관리를 익혀 가는 것이죠.

POINT

수첩을 사용해 생활습관을 조금씩 익히면서 시간 관리 능력을 키워 나간다.

시키지 않으면
꼼짝도 안 해요

Q (초등학교 1학년 여자아이) 양치질도 숙제도 등교 준비도 엄마인 제가 말하지 않으면 전혀 하려고 하지 않습니다. 수첩도 만들어도 아무 말 안 하면 사용하지 않을 것 같습니다. 수첩을 잘 활용하게 하려면 어떻게 해야 할까요?

A 말하지 않으면 안 하는 이유는 여러 가지가 있겠지만, 무엇을 해야 할지 몰라서 안 하는 경우는 할 일을 이해하면 움직이게 됩니다.

　수첩을 만드는 단계에서 "이것만 있으면 자신이 뭘 해야 하는지 알 수 있어." 하고 수첩이 편리한 아이템이라는 사실을 아이에게 설명해 주세요.

그리고 지금까지처럼 "이거 해야지." "그건 다 했니?" 하고 일일이 지시하던 것을 그만둡니다. 아이에게 하는 말은 "수첩 보렴!" 이라는 한마디면 됩니다.

할 일을 전부 지시하다 보면 아이가 무엇을 할 것인지 아예 생각을 안 하므로 시간이 지나도 자기 일을 스스로 할 수 없게 됩니다. 직접 수첩을 보면서 하다 보면 엄마가 시킨 일을 그냥 하는 게 아니라 스스로 생각해서 행동하는 셈이 되므로 조금씩 몸에 배게 되겠지요.

게다가 매일 수첩 미팅을 하는 것도 중요합니다. 내일 해야 할 일, 일정을 확인하여 계획하다 보면 할 일을 사전에 파악할 수 있으므로 하루를 알차게 보낼 수 있습니다.

그런데 "내일은 학원가는 날이니까 바로 집으로 와야 해. 그리고 숙제를 마친 후 가는 거야!" 하고 엄마가 아이의 할 일을 전부 계획해서 시키다가는 효과가 없습니다.

아이 스스로 생각해서 자신이 무엇을 해야 하는지, 어떤 순서로 할 것인지를 계획해야 하루를 보내기가 수월해집니다.

엄마는 "수첩 보면서 내일 뭐 할 건지 확인해 볼까?" 하고 수첩 미팅을 유도합니다. 그런 다음은 듣는 이가 되어 아이가 계획을 짜는 모습을 지켜보면서 응원해주면 됩니다.

아이가 수첩 보는 것을 싫어하거나 계획 세우는 것을 귀찮아할 때는 억지로 시키지 마세요. 하려는 마음이 없으면 안 해도 됩니다.

대신에 만일 수첩을 사용하지 않아서 준비물을 빼먹거나 약속을 못 지키는 등의 문제가 발생하면 수첩이 등장할 차례죠. "이번에 깜빡해서 못 갖고 갔으니 다음번에 절대 잊어버리지 않도록 수첩에 적어 두자." "수첩에 써 놨으니 그거 보고 한번 해볼래?" "이번에는 수첩에 계획을 적어서 실천해보자." 하는 식으로 수첩 사용을 제안합니다.

그러면 아이에게도 "수첩이 필요한가?" "수첩이 있으면 잘할 수 있으려나?!" "수첩이 있으면 편리할지도 몰라." 하는 마음이 생겨 수첩에 흥미를 보일 가능성이 커집니다.

실패를 두려워하지 말고 기회를 발견하면서 수첩을 사용해 보세요.

● ～～～～～～～～～～～～～～～～～～～～～～～～～～

POINT

저녁에 수첩 미팅을 하면서 내일 일정을 확인해 보자고 말한다.

낮에는 "수첩 보렴!" 하고 말해준 후 아이의 모습을 지켜본다.

～～～～～～～～～～～～～～～～～～～～～～～～～～

262

아이와 마주할
시간이 없어요

Q (초등학교 2학년 남자아이) 종일 일을 하고 있어서 매일 아이와 마주할 시간을 갖기가 어렵습니다. 쉬는 날은 또 쉬는 날대로 아이가 취미교실에 가거나 제가 밀린 집안일에 쫓기느라 아이와 함께 하는 시간이 적어 미안하기만 합니다.

A 매일 밖에서 일하고 집에 오면 집안일에 육아까지 많은 일을 하느라 하루 24시간이 모자랄 지경이라는 분들 많죠.

　게다가 시간에 쫓기니 아이와 마주할 시간, 함께할 시간이 적어서 미안한 마음을 품고 있는 분도 적지 않고요.

매일 바빠서 시간이 없으니 오히려 수첩 습관을 시작해야 한다고 생각합니다.

모처럼 아이와 함께 있는 시간에 "그건 다 했어?" "빨리 좀 하지!" 하고 지시하기만 한다면 아이와의 귀중한 시간이 아깝잖아요.

엄마가 없는 시간에도 아이가 스스로 할 일을 하게 하여 함께 있을 때는 칭찬도 해주고 여러 가지 대화도 나누는 시간이 되도록 수첩을 활용해 보세요.

그러려면 먼저 수첩을 만드는 시간을 가져야겠죠. 수첩 사용을 시작하려면 시작이라는 의미에서 연초인 1월이나 학기 초인 4월부터 해야 하는 거 아니냐고 생각하는 분이 있을지도 모르겠는데 굳이 그럴 필요는 없습니다. 여름방학 등과 같이 시간이 많을 때 만들어보기를 권합니다.

그래도 시간을 내기가 어렵다면 주말에 조금씩 시간을 확보해 몇 주에 걸쳐 만들어도 상관없습니다. 수첩 만들기 자체가 엄마와 아이가 소통하는 시간이므로, 그 소중한 시간을 즐겨보시기 바랍니다.

일부러 시간을 쪼개 아이와 마주해 보려고 해도 뭘 어떻게 하면 좋을지 몰라 고민스러울 텐데, '수첩 만들기'라는 목적이 있다면 자연스럽게 대화거리가 생겨 아이와 좋은 시간을 함께할 수 있습니다.

그리고 직접 부딪히는 시간이 적어도 함께 만든 수첩을 보는 시간은 아이에게 엄마의 마음을 느끼는 시간이 되지 않을까 싶네요.

매일 바쁜데 수첩 미팅을 할 시간은 있으려나, 아이가 잘하고 있는지 확인은 할 수 있을까, 그때그때 일정을 써넣어 줘야 하는데⋯⋯ 하고, 완벽하게 못 할 것 같아 고민할 필요는 없습니다.

일단 "수첩을 만들면서 우리 아이와 마주하는 시간을 가져볼까?"라는 가벼운 마음으로 시작해 보시기 바랍니다. 그 시간을 아이와 공유하는 것만으로도 훌륭한 어린이 수첩이 완성될 테니까요.

기분에 따라
쓰지 않는 날도 있어요

Q (초등학교 4학년 여자아이) 기분이 좋을 때는 수첩 미팅을 하면서 정해진 일정을 확인하거나 준비물도 꼼꼼히 점검하면 즐거워합니다. 그런데 기분이 내키지 않을 때는 몇 번을 말해도 "알았다고. 지금 한다니까."라고 대답만 하면서 수첩은 전혀 볼 생각을 안 합니다.

A 매일 꾸준히 수첩을 활용하면서 자기 일을 하면 좋겠지만, 어른도 기분에 따라 하기 싫어질 때가 있습니다.

하물며 아이인데 기분이 들쑥날쑥 좋았다가 나빴다가 하는 것은 어른 이상으로 크겠지요.

그러므로 아이가 하고 싶어 하지 않을 때 수첩을 보라며 억지로 다그치면 더더욱 하기 싫어질 수 있습니다.

설령 아이가 수첩을 보지 않는 날이 있더라도 "뭐 어때?!" 하는 가벼운 마음으로 그냥 넘어가 주세요.

수첩을 보지 않아도 특별히 문제가 없다면 굳이 보지 않아도 괜찮습니다.

만일 수첩을 보지 않은 탓에 준비물을 못 챙겼다거나 하는 곤란한 일이 발생하면 그때 가서 "수첩을 보고 확인해 뒀으면 좋았을 걸!!"하고 다독이면 됩니다.

엄마가 원하는 대로 아이가 수첩을 사용하는 것, 이 책에서 설명한 대로 수첩을 사용하는 것이 목적이 아닙니다. 필요한 때 필요한 만큼 사용하면 되는 거죠.

POINT
단기적인 의욕 상실은 크게 신경 쓰지 말자!
장기적으로 즐겁게 계속 사용할 수 있도록 한다.

이 책의 주인공은 수첩입니다.

수첩이야 오래전부터 있었던 거고, 자기 일정을 메모하는 정도로 사용하는 거 아닌가 하고 생각한다면 큰 착각입니다.

이 책을 통해 '하루 10분 수첩 습관'을 확실히 익힌다면 일정뿐 아니라 시간을 관리하고, 할 일을 정리하고, 또 온갖 정보를 모아주는 만능 아이템으로써 큰 도움이 된다는 사실을 이제 이해하셨겠죠!

어렸을 적부터 가정에서 '일정 관리'나 '일과 관리'를 즐겁게 배울 수 있다면 과연 어떨까요? 아마도 입시를 치를 때도 취직한 후에도 그리고 점점 자신의 꿈을 펼쳐 나가고자 할 때도 반드시 큰 도움이 되리라 믿습니다. 수첩 활용을 통해 배우는 일정 관리는 최

대의 영재교육임이 틀림없습니다.

그러므로 아이가 처음에 익숙하지 않아서 싫어하거나 도중에 싫증을 내더라도 길게 내다보고 계속 사용하도록 해주세요.

참고로 나 자신은 평소 어른을 대상으로 시간 관리에 관한 강좌를 하고 있습니다만, 강의를 들으러 오는 사람은 주부든 회사원이든 모두 하나같이 입을 모아 "이런 방법을 좀 더 일찍 알았더라면, 아니 어렸을 때부터 제대로 배웠더라면!" 하고 말합니다.

이 책은 그야말로 그런 바람에 부응합니다. 꿈을 이룰 수 있는 체질을 어렸을 때부터 익히는 '어린이 수첩'이라는 아이템이 많은 엄마와 그 아이들에게 전해질 수 있기를 바랍니다.

– 아사쿠라 유키

맺음말

끝까지 읽어 주셔서 감사합니다.

아이와 함께 수첩을 만들어 사용하는 이미지가 그려지셨다면 참으로 다행이겠습니다.

어렸을 적에 저도 등교 준비도 굼뜨고 툭하면 준비물을 까먹어서 매일 허둥대기 일쑤였습니다. 어머니는 그런 저를 걱정해서 준비물을 꼼꼼히 챙기시고 할 일을 일일이 지시해 주셨어요. "엄마가 시키는 대로만 하면 괜찮아."가 어머니의 입버릇이셨습니다. 그러다 보니 저는 점점 스스로 생각하지 않아도 어머니 말씀만 들으면 된다고 생각하게 되었어요. 그리고 스스로 생각해서 행동한 결과로 실패하고 야단맞기보다 누군가가 시키는 대로 하는 편이 낫다고 생각하게 되었지요.

그랬던 제가 엄마가 되었습니다. 육아에는 정답이 없는 것 같아요. 여러 주변 사람들 얘기를 들어 봐도 나 자신이 어떻게 하고 싶은지 몰라 고민하고 걱정하며 도망치고 싶기도 했습니다.

그런데 육아에서 도망칠 수는 없는 노릇입니다. 어떻게든 해보고 싶다는 마음으로 생각을 해봤지요. 우리 아이들의 지금 모습과 성장해 가는 모습을 상상하면서 말이죠.

그리고 저는 우리 아이들에게 이렇게 말하고 싶었어요. "실패해도 괜찮아. 자기가 생각하는 대로 해보는 거야."라고. 스스로 생각해서 자기가 하고자 하는 것을 실현할 수 있는 아이가 되길 바랐던 겁니다.

그렇다면 엄마인 제가 아이들에게 무얼 해줄 수 있을까?

이런 생각을 담아 하루 10분 수첩 습관이라는 방법을 생각해내게 되었습니다.

여러분은 아이가 어떻게 자라길 바라나요? 본인은 어떻게 하길 원하세요?

조금만 시점을 멀리 두어 수첩과 함께하는 생활을 즐겨 보시기 바랍니다.

마지막으로 이 책의 출판에 도움을 주신 분들께 이 자리를 통해 감사의 말씀을 드립니다.

책이 나온다는 소식을 듣고 함께 기뻐하며 사전 설문에 협력해 주신 여러분, 개성 만점인 아이디어가 가득 들어간 수첩 사진을 제공해 주신 사용자 여러분, 수첩 활용술 강사를 꿈꾸던 시절 '어린이 수첩 습관'이라는 새로운 장르를 생각할 기회를 주시고, 이 책의 감수를 맡아 주신 아사쿠라 유키 선생님, 도중에 책이 써지지 않아 고민할 때 의논 상대가 되어 주신 어린이 수첩 습관 강사 여러분, 그리고 동료 강사 여러분과 출판의 기회를 주신 다카미야 하나코 씨, 편집자 이타야 미키 씨, 그 밖에 여러 관계자 여러분.

그리고 늘 나를 따뜻하게 지켜봐 주는 우리 가족, 특히 매일 매일 생생한 어린이 수첩 습관 사례를 제공해 주는 두 딸아이.

모두에게 진심으로 감사의 말을 전합니다. 고맙습니다.

엄마와 아이가 매일 웃는 얼굴로
하루하루를 보내길 바라는 마음을 담아
- 호시노 게이코

★특별부록★

오리지널 하루 10분 수첩

월

월 화 수

목	금	토	일

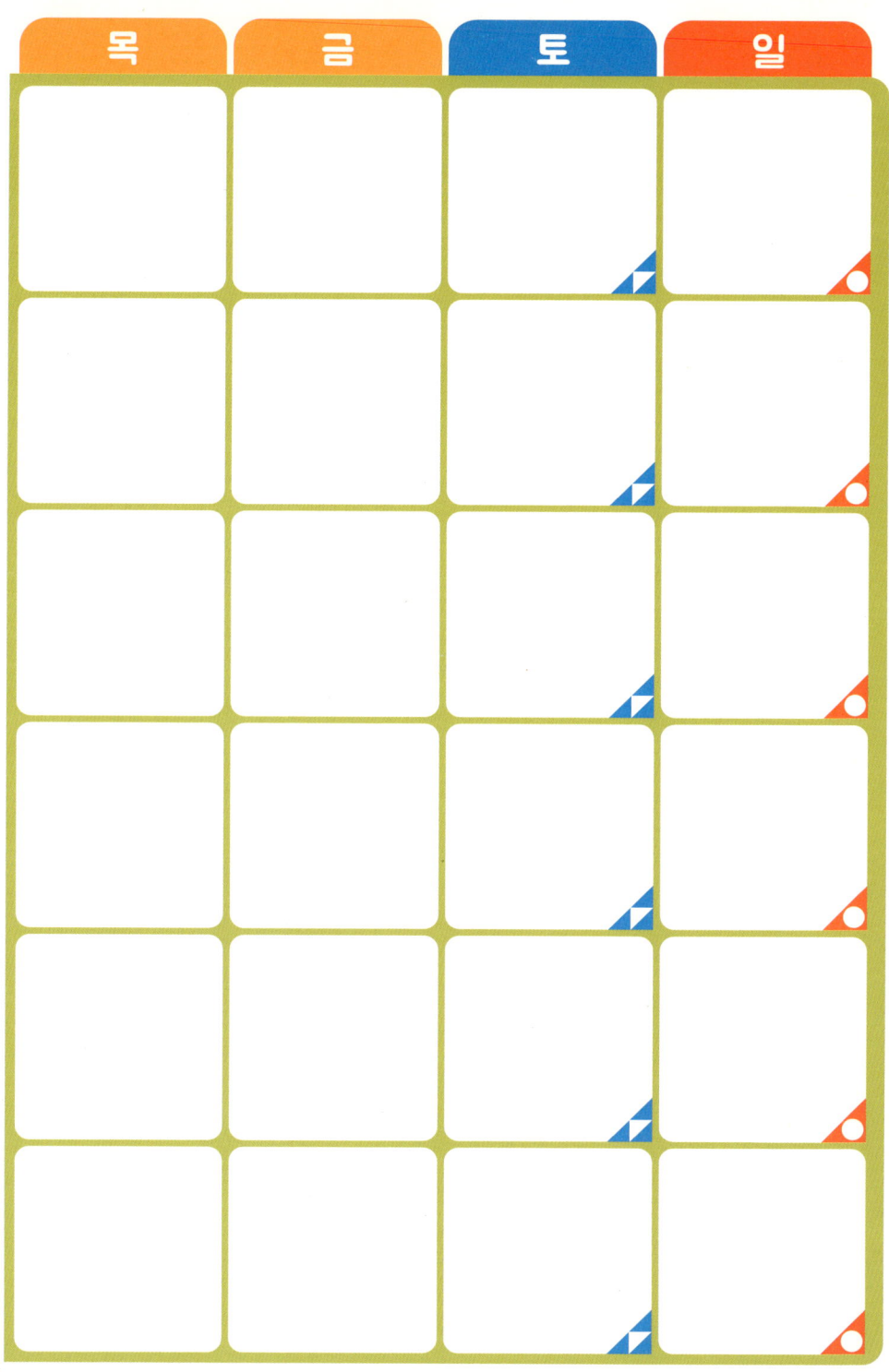

● ▲ ■	◯ 월	(월)	(화)	(수)
	:			
	:			
	:			
	:			
	:			
	:			
	:			
	:			
	:			
	:			
	:			
	:			
	:			
	:			
	:			
	:			

◯월	(목)	(금)	(토)	(일)
:				
:				
:				
:				
:				
:				
:				
:				
:				
:				
:				
:				
:				
:				
:				

메모

준비물

메 모

준비물

★ 오리지널 리필 용지 다운로드 방법 ★

이 책에서 소개한 수첩 속지(PDF 형식)를 다운로드할 수 있습니다.
인터넷에 접속하여 주소창에 아래의 URL을 대소문자 구별하여 입력하세요.
로그인 홈페이지(www.loginbook.com) 자료실(기타자료 15)에서도
보실 수 있습니다.

〔 속지 다운로드 URL 〕
http://bit.ly/2m1tJYB

[속지 구성]

● 일일 계획표 A형 (형식 없음)
● 일일 계획표 B형 (초록색)
● 일일 계획표 B형 (노란색)
● 일일 계획표 B형 (파란색)
● 일일 계획표 C형 (노란색)
● 일일 계획표 C형 (파란색)

● 주간 계획표(시간 있음, 시간 없음)
● 월간 계획표
● 참 잘했어요! 시트(25칸)
● 참 잘했어요! 시트(80칸)
● 희망 사항 시트
● 스티커형 붙임쪽지용 일러스트

* 일일 계획표 B형과 C형은 준비물 기재 칸이 있는 것과 없는 것 2종류가 있습니다.

◉ '실제 사이즈'로 인쇄해서 이용하세요(A5 프린터 용/A4 프린터 용).
◉ 스티커형 붙임쪽지용 일러스트는 인쇄해서 색을 칠한 후 오려서 사용하
면 편리합니다.
◉ A4 프린터로 출력할 때는 이면지를 이용해 보세요. 자를 필요 없이 반으
로 접으면 양면 인쇄한 것과 같습니다.

※ 파일은 zip 형식으로 압축되어 있습니다. 해제 소프트를 별도로 준비한 후 이용하세요.
※ 이 다운로드 서비스는 예고 없이 종료될 수 있으므로 사전에 양해 바랍니다.

Original Japanese title:

JIBUN DE KANGAERUKO NINARU 「KODOMO TECHOUJUTSU」
ⓒ Keiko Hoshino 2016

Original Japanese edition published by Nippon Jitsugyo Publishing Co., Ltd
Korean translation rights arranged with Nippon Jitsugyo Publishing Co., Ltd
through The English Agency(Japan) Ltd. and Eric Yang Agency, Inc

하루 10분 아이 습관

1판 1쇄 발행	2017년 4월 10일
1판 4쇄 발행	2020년 8월 27일

지은이   호시노 게이코
감수   아사쿠라 유키
옮긴이   고정아
펴낸이   유성권
펴낸곳   ㈜이퍼블릭

출판등록 1970년 7월 28일, 제1-170호
주소   서울시 양천구 목동서로 211 범문빌딩 (07995)
대표전화 02-2653-5131 | 팩스 02-2653-2455
메일   loginbook@epublic.co.kr
포스트   post.naver.com/epubliclogin
홈페이지 www.loginbook.com

로그인은 (주)이퍼블릭의 어학·자녀교육·실용 브랜드입니다.